土木工程专业专升本系列教材

建筑结构抗震

本系列教材编委会组织编写

刘明　主编

U0196052

中国建筑工业出版社

图书在版编目（CIP）数据

建筑结构抗震/刘明主编．—北京：中国建筑工业出
版社，2004（2023.4重印）
（土木工程专业专升本系列教材）
ISBN 978-7-112-05443-5

Ⅰ．建… Ⅱ．刘… Ⅲ．建筑结构-抗震设计-高
等学校-教材 Ⅳ．TU352.104

中国版本图书馆 CIP 数据核字（2004）第 010515 号

土木工程专业专升本系列教材

建 筑 结 构 抗 震

本系列教材编委会组织编写

刘 明 主编

*

中国建筑工业出版社出版、发行（北京西郊百万庄）
各地新华书店、建筑书店经销
北京建筑工业印刷厂印刷

*

开本：787×960 毫米 1/16 印张：11¼ 字数：224千字
2004 年 5 月第一版 2023 年 4 月第十八次印刷
定价：**18.00** 元
ISBN 978-7-112-05443-5
（20324）

本书根据专升本的特点和本门课程教学基本要求，为已经取得建筑工程专业或相近专业大学专科学历的人员继续研修本科课程而编写。

本书内容包括：地震基本知识，抗震设防与概念设计，地基和基础的抗震设计，地震作用与结构抗震验算，房屋结构抗震设计，隔震和消能减震设计。

本书既可作为土木工程专业专升本的教材，也可供其他各相关专业及有关工程技术人员参考使用。

＊　　＊　　＊

责任编辑：朱首明　吉万旺
责任设计：崔兰萍
责任校对：王金珠

土木工程专业专升本系列教材编委会

前　言

本书根据土木工程专业（专升本）"建筑结构抗震"课程教学大纲的要求，按照新发布的《建筑抗震设计规范》（GB 50011—2001）编写。书中突出成人教育和专升本两大特点，注意与专科教材知识点和结构规范的衔接，使教材内容能平稳过渡、通俗易懂、循序渐进、方便学习。全书共分为六章，分别为地震基本知识、抗震设防与概念设计、地基和基础的抗震设计、地震作用与结构抗震验算、房屋结构抗震设计、隔震和消能减震设计。各章给出了学习要点、计算例题和思考题，以帮助学生理解和掌握各章内容。为适应于实用型人才的培养需要，书中重点强调抗震概念设计、地震作用和抗震构造措施，同时也给出多层砌体和多层框架的抗震验算实例。

本书由沈阳建筑工程学院刘明教授主编，河北建筑工程学院林德忠副教授任副主编。其中第一、二、三、四章由刘明教授编写；第五章第一、二、四节由河北建筑工程学院林德忠副教授编写；第五章第三节由沈阳建筑工程学院贾连光教授、东北电力学院肖琦副教授编写；第六章由沈阳建筑工程学院孙巍巍讲师、刘明教授、张殿惠教授编写。编写过程中，承蒙哈尔滨工业大学土木工程学院陆钦年教授主审，在此表示感谢。

本书的编写，引用参考了一些公开出版和发表的文献，特此向这些作者表示谢意。

由于作者的学识和水平有限，书中不当和错误之处，敬请读者批评指正。

目　　录

第一章 地震基本知识

学 习 要 点

通过对地震基本知识的学习，了解地震的成因，地震波的传播特性，地震的分布，地震地面运动的一般特征及地震可能带来的灾害；掌握与地震有关的术语（震源、震中、地震震级、地震烈度、基本烈度等）及它们之间的区别与联系；掌握地震造成的破坏现象和地震宏观调查方法；了解地震的特点、中国地震烈度表和房屋结构抗震学科的发展概况。

第一节 地 震

地震和风、雨、雪一样，是一种自然现象。地球上每天都有地震发生，一年中会发生 500 多万次地震，大约有 5 万次是人们可以感觉到的地震。其中约有 20 次地震会造成严重破坏，至于像 1976 年唐山遭受到的那种大地震，大约每年发生一次。总之，地震的规律是：绝大多数的地震对人类不会造成危害，只有强烈的大地震，才会造成人类生命和财产的严重损失。为什么会发生地震呢？这是由于地球在运动发展的过程中，其内部的地质构造作用使地壳积累了巨大的变形能，地壳中的岩层产生很大的应力，当这些应力超过某处岩层的强度极限时，岩石突然破裂、错动，从而将积累的变形能，转化为波动能传播出去，引起地面的震动。我们把这种由于地球内部扰动所释放的能量经由地层传到地表面引起的地面震动称为构造地震。

实际上，地震按其产生的原因，除构造地震外，还有陷落地震和火山地震。由于地下空洞突然塌陷而引起的地震叫陷落地震；而由于火山爆发，岩浆猛烈冲击地面引起的地面震动叫火山地震。一般火山地震和陷落地震强度低，影响范围小；而构造地震释放的能量大，影响范围广，造成的危害严重。工程结构设计时，主要考虑构造地震的影响。

地震开始发生的地方叫震源（图 1-1），是指岩层断裂、错动的部位。震源正上方的地面位置称为震中。震中至震源的距离为震源深度。地面某处到震中的距离称为震中距。

地震引起的振动以波的形式从震源向各个方向传播，这就是地震波。在地球

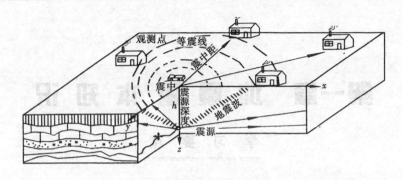

图 1-1　地震术语示意图

内部传播的波称为体波；仅限于在地球表面传播的波称为面波。

体波中包括纵波和横波两种。纵波是由震源向外传播的疏密波，质点的振动方向与波的前进方向一致，使介质不断地压缩和疏松。所以纵波又称压缩波、疏密波。如在空气中传播的声波就是一种纵波。纵波的周期较短，振幅较小。横波是由震源向外传播的剪切波，质点的振动方向与波的前进方向相垂直，亦称剪切波。横波的周期较长，振幅较大。还应指出，横波只能在固体内传播，而纵波在固体和液体内都能传播。由于地球的层状构造特点，体波通过分层介质时，将会在界面上反复发生反射和折射。当体波经过地层界面多次反射、折射后，投射到地面时，又激起仅沿地面传播的面波。

面波包括瑞雷波和洛夫波。瑞雷波传播时，质点在波的传播方向和地表面法向所组成的平面内作与波前进方向相反的椭圆运动，而与该平面垂直的水平方向没有振动。故瑞雷波在地面上呈滚动形式。瑞雷波具有随着距地面深度增加而振幅急剧减小的特性，这可能就是在地震时地下建筑物比地上建筑物受害较轻的一个原因。洛夫波传播时使质点在地平面内作与波前进方向相垂直的运动，即在地面上呈现蛇形运动。洛夫波也随深度而衰减。面波的传播速度约为剪切波传播速度的 90%。面波振幅大而周期长，只在地表附近传播，比体波衰减慢，故能传到很远的地方。

地震现象表明，纵波使建筑物产生上下颠簸，剪切波使建筑物产生水平方向摇晃，而面波则使建筑物既产生上下颠簸又产生左右摇晃。一般是在剪切波和面波都到达时震动最为激烈。由于面波的能量比体波要大，所以造成建筑物和地表的破坏是以面波为主。

地震按震源的深浅，可分为浅源地震（震源深度小于 60km）、中源地震（震源深度在 60~300km）和深源地震（震源深度大于 300km）。一般来说，浅源地震造成的危害最大，发生的数量也最多，约占世界地震总数的 85%。当震源深度超过 100km 时，地震释放的能量在传播到地面的过程中大部分被损失掉，故通常不会在地面上造成震害。我国发生的地震绝大多数是浅源地震，震源深度一般为5~50km。

从世界范围对地震进行历史性的研究，可以得出历史上地震的分布规律。世界上地震主要集中分布在下列两个地震带：一是环太平洋地震带，它从南美洲西部海岸起，经北美洲西部海岸、阿拉斯加南岸、阿留申群岛，转向西南至日本列岛，再经我国台湾省，而达菲律宾、新几内亚和新西兰，上述环形地带的地震活动性最强，全球约80%~90%的地震都集中在这一地带；二是地中海南亚地震带，它西起大西洋的亚速岛，后经意大利、土耳其、伊朗、印度北部、我国西部和西南地区，再经缅甸、印尼的苏门答腊与爪哇，最后与上述太平洋地震带相联接。此外，在大西洋、印度洋中也有呈条形分布的地震带。

我国地处两大地震带的中间，地震分布相当广泛。除台湾省和西藏南部分别属于上述环太平洋地震带和地中海南亚地震带之外，其他地区的地震主要集中在下列两个地带：南北地震带，北起贺兰山，向南经六盘山，穿越秦岭沿川西直至云南东部，形成贯穿我国南北的条带；东西地震带，西起帕米尔高原，向东经昆仑山、秦岭，然后一支向北沿陕西、山西、河北北部向东延伸，直至辽宁北部，另一支向南向东延伸至大别山等地。

第二节　地震震级和地震烈度

一、地震震级

地震震级是衡量一次地震释放能量大小的尺度。震级的表示方法有很多，目前国际上常用的是里氏震级，其定义首先由里克特（Richter）于1935年给出，即

$$M = \lg A \tag{1-1}$$

式中　M——里氏地震等级；

A——用标准地震仪（周期为0.8s，阻尼系数为0.8，放大倍数为2800）在距震中100km处记录的以"μm"（$= 10^{-6}$m）为单位的最大水平地面位移。

实际上，地震时距震中100km处不一定恰好有地震观测台站，而且地震观测台站也不一定有上述标准地震仪，这时，应将记录的地面位移修正为满足式（1-1）条件的标准位移，才能按式（1-1）确定震级。

地震是由于岩层破裂释放能量引起的，一次地震所释放的能量称为地震能，用 E 表示。经统计分析，可得震级 M 与地震能 E 之间关系为：

$$\lg E = 1.5M + 11.8 \tag{1-2}$$

式中，E 的单位为尔格（erg）。$1erg = 10^{-7}J$。

一般对于 $M < 2$ 的地震，人们感觉不到，称为微震；对于 $M = 2 \sim 4$ 的地震，人体有所感觉，称为有感地震；而对于 $M > 5$ 的地震，会引起地面工程结构的破坏，称为破坏性地震。另外，将 $M > 7$ 的地震习惯称为强烈地震或大地震，而将 $M > 8$ 的地震称为特大地震。

二、地震烈度

1. 地震烈度与地震烈度表

地震烈度是指地震对地表和工程结构影响的强弱程度，是衡量地震引起后果的一种尺度。地震烈度表是按照地震时人的感觉、地震所造成的自然环境变化和工程结构的破坏程度所列成的表格。可作为判断地震强烈程度的一种宏观依据。目前，我国使用的是 1980 年由国家地震局颁布实施的《中国地震烈度表》，见表1-1。表 1-1 中的量词："个别"表示 10% 以下；"少数"为 10% ~ 50%；"多数"为 50% ~ 70%；"大多数"为 70% ~ 90%；"普遍"为 90% 以上。

中国地震烈度表（1980）　　　　表 1-1

烈度	人的感觉	一般房屋		其他现象	参考物理指标	
		大多数房屋震害程度	平均震害指数		水平加速度（cm/s²）	水平速度（cm/s）
1	无感					
2	室内个别静止中的人感觉					
3	室内少数静止中的人感觉	门、窗轻微作响		悬挂物微动		
4	室内多数人感觉；室外少数人感觉；少数人梦中惊醒	门、窗作响		悬挂物明显摆动，器皿作响		
5	室内普遍感觉；室外多数人感觉；多数人梦中惊醒	门窗、屋顶、屋架颤动作响，灰土掉落，抹灰出现微细裂缝		不稳定器物翻倒	31（22~44）	3（2~4）
6	惊慌失措，仓惶逃出	损坏——个别砖瓦掉落、墙体微细裂缝	0~0.1	河岸和松软土上出现裂缝。饱和砂层出现喷砂冒水。地面上有的砖烟囱轻度裂缝、掉头	63（45~89）	6（5~9）

续表

烈度	人的感觉	一般房屋		其他现象	参考物理指标	
		大多数房屋震害程度	平均震害指数		水平加速度（cm/s²）	水平速度（cm/s）
7	大多数人仓惶逃出	轻度破坏——局部破坏、开裂，但不妨碍使用	0.11~0.30	河岸出现坍方。饱和砂层常见喷砂冒水。松软土上地裂缝较多。大多数砖烟囱中等破坏	125（90~177）	13（10~18）
8	摇晃颠簸，行走困难	中等破坏——结构受损，需要修理	0.31~0.50	干硬土上亦有裂缝。大多数砖烟囱严重破坏	250（178~353）	25（19~35）
9	坐立不稳，行动的人可能摔跤	严重破坏——墙体龟裂、局部倒塌，修复困难	0.51~0.70	干硬土上有许多地方出现裂缝，基岩上可能出现裂缝。滑坡、坍方常见。砖烟囱出现倒塌	500（354~707）	50（36~71）
10	骑自行车的人会摔倒；处不稳状态的人会摔出几尺远；有抛起感	倒塌——大部倒塌，不堪修复	0.71~0.90	山崩和地震断裂出现。基岩上的拱桥破坏。大多数砖烟囱从根部破坏或倒塌	1000（708~1414）	100（72~141）
11		毁灭	0.91~1.00	地震断裂延续很长。山崩常见。基岩上拱桥毁坏		
12				地面剧烈变化、山河改观		

2.地震的宏观调查

对应一次地震，在其波及的地区内，根据地震烈度表可以对该地区内每一个地点评出一个地震烈度。中国科学院工程力学研究所于1970年调查通海地震灾害时，发现很难用地震烈度表评定烈度并保证精度在一度以内。为此，提出了"震害指数"的概念，并在"中国地震烈度表（1980）"中得到应用。

用震害指数评价某地区烈度的具体步骤如下：

（1）确定各类房屋的震害等级

根据建筑物的破坏程度（由基本完好到全部倒塌）分成若干等级，每级用震害等级 i 表示，见表 1-2。

建筑物破坏级与震害等级 表 1-2

破坏程度级别	破 坏 程 度	震害等级 i
Ⅰ	全部倒塌	1.0
Ⅱ	大部倒塌	0.8
Ⅲ	少数倒塌	0.6
Ⅳ	局部倒塌	0.4
Ⅴ	裂　缝	0.2
Ⅵ	基本完好	0

（2）计算各类房屋的震害程度

某类房屋的震害程度用震害指数 I_i 表示为：

$$I_i = \frac{\sum_{k=1}^{m}(i \cdot n_i)_k}{N_j} \tag{1-3}$$

$$N_j = \sum_{k=1}^{m}(n_i)_k \tag{1-4}$$

式中　i——震害等级；

　　　　n_i——被统计的某类房屋第 i 等级破坏的栋数；

　　　　j——房屋类型；

　　k、m——不同震害等级的序号和数量；

　　　　N_j——被统计的该类房屋总数。

式（1-3）的物理意义是表示该类房屋的平均震害程度。通过算出各类房屋的震害指数，可以对比各类房屋之间抗震性能的优劣。如某类房屋的震害指数 I 越大，则说明该类房屋抗震性能越差。

（3）计算该地区房屋平均震害指数

为了确定某地区房屋平均震害情况，就要求出该地区各类房屋（有代表性的房屋结构）的平均震害指数 I_m。即：

$$I_m = \frac{\Sigma I_j}{N} \tag{1-5}$$

式中　ΣI_j——各类房屋震害指数之和；

　　　　N——不同类别房屋的类别数。

（4）评价该地区的地震烈度

根据表 1-1 给出的平均震害指数与烈度之间的对应关系，即可评定出该地区的地震烈度。

三、地震烈度与震级的关系

地震烈度 I 和地震震级 M 是两个不同的概念。两者既相互联系，又有区别，两者的关系可以用炸弹来比喻，地震震级好比是炸弹的装药量，地震烈度则是炸弹爆炸后离爆炸源不同距离各处的破坏程度。对于一次地震，只能有一个地震震级。然而，由于同一次地震对不同地点的影响是不一样的，因此，烈度就会随震中距的远近而有所不同。一般情况是离震中越远，地震烈度越小。震中区的地震烈度最大，并称之为"震中烈度"，用符号 I_0 表示。对于震源深度为 15～20km 的浅源地震，地震震级 M 和震中烈度 I_0 的对应关系，大致见表 1-3。

地震震级 M 和地震震中烈度 I_0 的关系表　　　　　　　　　　表 1-3

地震震级 M	2	3	4	5	6	7	8	> 8
震中烈度 I_0	1～2	3	4～5	6～7	7～8	9～10	11	12

第三节　地震地面运动的一般特征

地震地面运动的一般特征，可用强震时地震运动加速度记录曲线来说明。图1-2 给出了 1940 年 5 月 18 日美国加利福尼亚州帝谷 (Imperial Valley) 7.1 级地震中震中距为 9km 埃尔森特罗 (El centro) 测得的 N-S 方向地面运动加速度记录。图 1-2 中的地震地面运动加速度记录曲线是由一系列非周期性的加速度脉冲所组成，初看起来似乎是极不规则的。从曲线外形来看，具有从开始震动，逐步增强，然后再衰减而趋于零的过程。一般可将这一现象称为地震的不平稳性，它取决于震级、震源特性、震中距和地震波传播介质的特性等因素。实际上，所有强震记录都具有如上的特点。研究表明，就建筑结构抗震设计而言，地震地面运动的一般特征可用地面运动最大加速度、地面运动周期特性和强震的持续时间三个参数来描述。

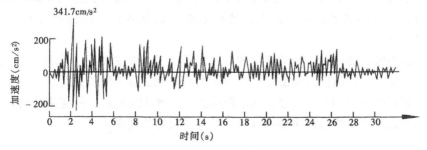

图 1-2　埃尔森特罗地震加速度

一、地面运动最大加速度

人们用静力学观点处理结构抗震设计问题时认为，强震时作用于结构的地震力是一种惯性力，其值主要取决于地面运动的最大加速度，所以地面运动最大加速度是地震地面运动的重要特征参数。另外，地面加速度也可视为地面震动强弱程度的量。实测与研究表明，地震烈度与地面运动最大加速度之间一般存在某种对应关系，所以我国地震烈度表已采用地面运动最大加速度作为地震烈度的参考物理指标。例如，埃尔森特罗地震加速度记录（图 1-2）中的最大值为 $341.7 cm/s^2$，由表 1-1 可知，该地区的地震烈度应为 8 度。

地面运动最大加速度无疑与震害有密切关系。一般来说，地面运动最大加速度值增大，则地面建筑震害加重。

二、地震地面运动的周期特性

地震地面运动的周期特性对结构地震反应具有重要的影响。人类已经知道任何建筑物都有其自振周期，假若地震地面运动周期以长周期为主，则它将引起长周期柔性建筑物的强烈地震反应；反之，若地震地面运动周期特性以短周期为主，则它对短周期刚性建筑物的危害就比较大。这就是共振效应的结果。地震地面运动的周期特性，一般可用地震加速度反应谱峰点周期来表示。一般认为，加速度反应谱曲线最高峰点所对应的周期为地震动卓越周期；有时也将相对较高的几个峰点所对应的周期都称为地震动卓越周期。例如，埃尔森特罗地震加速度反应谱中两个峰点对应的卓越周期分别约为 0.3s 和 0.5s，则埃尔森特罗地震的周期特性属于中等周期。

地震地面运动的周期特性，也可采用下列方法进行粗略的估计。地面运动加速度记录中两个相邻的零点之间的时间间隔作为半周期，并把相应的峰值加速度看作为振幅。加速度记录中最大峰值的波和相对应的周期对结构反应的影响较大，有时周期与相应加速度反应谱的峰点周期大致相对应。因此，地震地面运动加速度记录中最大峰值所对应的周期也可反映该地震地面运动的周期特性。

一般来讲，震级大，断层错位的冲击时间长，震中距离远，场地土层松软、厚度大的地方，其地面运动加速度反应谱的主要峰点偏于较长的周期；相反，震级小，断层错位的冲击时间短，震中距离近，场地土层坚硬、厚度薄的地方，其地面运动加速度反应谱的主要峰点则一般偏于较短的周期。

三、强震的持续时间

地震地面运动的强震持续时间对建筑物的破坏程度有较大的影响。地面运动特征参数与震害的对比研究表明，在同等地面运动最大加速度的情况下，当强震的持续时间短，则该地点的地震烈度低，建筑物的地震破坏轻；反之，当强震的持续时间长，则该地点的地震烈度高，建筑物的地震破坏重。例如，埃尔森特罗地震的强震持续时间为 30s，则该地的地震烈度为 8 度，地震破坏较严重；而另一次日本松代地震（发生于 1966 年 4 月 5 日），其地面运动最大加速度略高于埃尔森特罗地震，但其强震持续时间比埃尔森特罗地震短很多，仅有 4s，则该地的地震烈度仅为 5 度，未发现明显的地震破坏。

持续时间长的强烈地震将导致较重的结构破坏，可用结构的积累破坏来说明。建筑物从微小的局部开裂到全部倒塌，一般都需要一个过程，完成这个过程的反复震动需要一段时间，而震动过程过短，则不能完成破坏过程。在地震地面运动作用下，当结构反应超过其弹性阶段后，建筑物将产生局部破坏，可能发生一些肉眼不能观察到的微裂缝。在这些微裂缝处，应力状态极其复杂，容易产生应力集中，在震动过程的下一个反复中，即使振动不再加强，微裂缝还可能继续发展；当建筑物的局部破坏严重时，结构体系将改变，在之后的震动过程中各局部之间可能发生碰撞而产生进一步的破裂或很大的错位、移动或局部的倒塌，即建筑物在震动的前一阶段开裂破坏，而在震动的后期倒塌。只有当震动强度特别大时，可能在一刹那间摧毁一栋建筑物，过程极短；假若震动强度略小，一次持续时间短的震动可以使这个破坏过程开始，但不能使整个破坏过程完成。

在震源中的发震断层长度、错位的大小和震源冲击次数等对强震持续时间有较大影响。一次大地震往往伴随着很大的断层活动和多次连续震源冲击。因此不仅导致强震持续时间长，而且在一个很长的地震加速度曲线记录中出现多个峰点。另外，在离开震中比较远的地区或场地覆盖层很厚的地区，由于地震波在不同传播介质的多次反射和折射，也可能使强震持续时间增长。

由此可见，对于一次地震所造成的震害，不能仅依据一个地面运动特征参数值来评价，而不同时考虑地面运动周期特性和强震持续时间等其他特征参数的影响，则所得到的震害评价是不全面的，有时是不正确的。

第四节　地　震　震　害

震害即强烈地震造成的灾害。强烈的地震是一种危害极大的突发性的自然灾害。研究过去地震产生的灾害，是为了防范于未来的大震。目前，在科学技术还不能控制地震发生的情况下，调查研究地震灾害的现状，分析地震灾害的规律，总结人们预防地震灾害和减轻地震灾害的经验，是抗震设防、保证人民生命财产安全的有效途径。因此有必要了解强烈地震造成的灾害。

地震的震害主要表现在以下几个方面：

1. 地表的破坏现象

（1）地裂缝

在强烈地震作用下，常常在地面产生裂缝。根据产生的机理不同，地裂缝可以分为构造地裂缝和重力地裂缝。构造地裂缝与地质构造有关，是地壳深部断层错动延伸至地面的裂缝。它与地下断裂带走向一致，规模较大，有时可延续几十公里，裂缝宽度和错动常达数十厘米，甚至数米。重力地裂缝是由于在强烈地震作用下，地面作剧烈震动而引起的惯性力超过了土的抗剪强度所致。

（2）喷砂冒水

在地下水位较高、砂层埋深较浅的平原及沿海地区，地震的强烈震动使地下水压力急剧增高，使饱和的砂土或粉土液化，从地裂缝或土质松软的地方冒出地面，形成喷砂冒水。严重的地方可造成房屋下沉、倾斜、开裂甚至倒塌。

（3）地面下沉

在强烈地震作用下，在大面积回填土、孔隙比较大的黏性土等松软而压缩性高的土层中往往发生震陷，使建筑物破坏。

（4）滑坡、塌方

在强烈地震作用下，常引起河岸、陡坡滑坡，有时规模很大，造成公路堵塞，岸边建筑物破坏。

2. 建筑物的破坏

建筑物的破坏是造成人员伤亡和经济财产重大损失的主要原因，按其破坏的形态及直接原因可分为以下几类：

（1）结构丧失整体性

建筑物一般都是由许多构件组成的，在地震作用下，构件连接不牢，节点松动，支撑长度不够和支撑失效等都会引起结构丧失整体性而破坏。

（2）承重结构承载力不足而引起的破坏

在地震作用下，结构的内力和变形增大较多，而且受力方式也常常发生改变，导致结构或构件承载力不足或变形较大而破坏。

（3）地基失效

在强烈地震作用下，地裂缝、滑坡、地面下沉和场地土液化等，导致地基丧失稳定性或降低承载力，造成建筑物整体倾斜、拉裂以至倒塌破坏。

3. 次生灾害

地震除直接造成建筑物的破坏外，还常引起火灾、水灾、有毒物质污染等次生灾害。在城市，尤其是大城市，由次生灾害造成的损失有时比地震直接产生的灾害造成的损失还要大。例如，1923 年日本东京大地震，诱发了火灾，震倒房屋 13 万幢，而烧毁的房屋达 45 万幢，死亡人数 10 万余人，其中被倒塌房屋压死者只不过几千人。

思　考　题

1-1　什么是震级和地震烈度？地震烈度主要与哪些因素有关？

1-2　什么是震源、震中、震中距和震源距？

1-3　简述地震地面运动的一般特征。

1-4　什么是地震波？地震波传播的特性是什么？

1-5　简述建筑物在地震作用下的破坏现象。

1-6　简述地震的破坏现象。

第二章　抗震设防与概念设计

学 习 要 点

通过对抗震设防基本概念、抗震设防目标和抗震概念设计的学习，掌握多遇烈度、基本烈度、罕遇烈度和设防烈度的概念；掌握建筑抗震设防分类和抗震设防标准；重点掌握三水准抗震设防目标和两阶段抗震设计方法，掌握抗震概念设计的主要内容和抗震设计的基本原则。进而学会如何选择对抗震有利场地、地基和基础，如何选择抗震结构体系，如何选择有利的房屋体形和进行合理结构布置，如何保证结构材料、施工质量以及进行建筑非结构构件抗震设计应注意的问题。

第一节　抗震设防的基本概念

抗震设防是各类工程结构按照规定的可靠性要求和技术经济水平所确定的统一的抗震技术要求，是对房屋进行抗震设计和采取抗震构造措施来达到抗震效果的过程。

国内外的地震经验教训表明，搞好新建工程的抗震设防，对原有未经抗震设防工程进行抗震加固等，是减轻地震灾害的最直接、有效的途径。这方面有很多成功的经验，在我国新疆伽师地区，严格按抗震规范设计建造的工程经历了近几年多次地震均未发生损坏；云南丽江地区经过抗震加固的房屋，经受了 1996 年的 7.0 级地震后仍完好无损。

自 20 世纪 50 年代以来，美国、日本等发达国家，一直把提高工程结构的抗震能力作为最大限度地减轻地震灾害的基本手段。2001 年 3 月 1 日美国西雅图发生 7.0 级强烈地震，由于建（构）筑物和市政设施等具有很强的抗震能力，未发生任何房屋倒塌和人员伤亡，堪称奇迹。

这些事实充分表明，虽然人类目前尚无法避免地震的发生，但切实可行的抗震计算和抗震措施使人类可以有效地避免或减轻地震造成的灾害。

抗震设防的首要问题就是要明确设计的建筑能抵抗多大的地震。但发生地震却是一件随机性很强的事件，特别是地震的大小对抗震设防的要求和标准也不一样。为此，《建筑抗震设计规范》（GB 50011—2001）（以下简称《抗震规范》明确了地震基本烈度、抗震设防烈度和地震影响等基本概念，提出建筑结构抗震设计的基本要求。

一、地震基本烈度

《抗震规范》用概率的方法来预测某地区在未来的一定时间内，可能发生的地震大小。根据地震发生的概率频度（50年发生的超越概率）将地震烈度分为"多遇烈度"、"基本烈度"和"罕遇烈度"三种。分别简称"小震"、"中震"和"大震"。

基本烈度是指某个地区今后一定时期内，在一般场地条件下，可能遭遇的最大地震烈度。《抗震规范》进一步明确了基本烈度的概念，将其定义为在50年设计基准期内，可能遭遇的超越概率为10%的地震烈度值（见图2-1）。即"1990中国地震烈度区划图"规定的地震基本烈度或新修订的"中国地震动参数区划图"规定的峰值加速度所对应的烈度，也叫中震。《抗震规范》取为第二水准烈度。

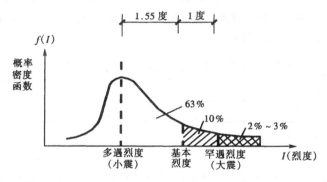

图2-1　烈度概率密度函数

小震应是发生机会较多的地震，因此，可以将小震定义为烈度概率密度函数曲线上的峰值（众值烈度）所对应的地震，或称多遇地震。如图2-1所示，在50年期限内超越概率为63%的地震烈度为众值烈度，比基本烈度约低1.55度，《抗震规范》取为第一水准烈度；大震是罕遇地震，它所对应的烈度为在50年期限内超越概率为2%~3%的地震烈度，《抗震规范》取为第三水准烈度，当基本烈度6度时为7度强，7度时为8度强，8度时为9度弱，9度时为9度强。

二、抗震设防烈度（seismic fortification intensity）和地震影响

抗震设防烈度是指按国家批准权限审定作为一个地区抗震设防依据的地震烈度。一般情况下，抗震设防烈度可采用中国地震动参数区划图的地震基本烈度（或与规范设计基本地震加速度值对应的烈度值）。对已编制抗震设防区划的城市，可按批准的抗震设防烈度或设计地震动参数进行抗震设防。

近年来，地震经验表明，在宏观烈度相似的情况下，处在大震级远震中距下的柔性建筑，其震害要比中、小震级近震中距的情况重得多。理论分析也发现，震中距不同时，反应谱频谱特性并不相同。抗震设计时，对同样场地条件、同样烈度的地震，按震源机制、震级大小和震中距远近区别对待是必要的，建筑物所受到的地震影响，需要采用设计基本地震加速度和设计特征周期来表示。

1. 设计基本地震加速度（design basic acceleration of ground motion）

设计基本地震加速度值定义为：50 年设计基准期超越概率 10% 的地震加速度的设计取值。7 度 0.10g，8 度 0.20g，9 度 0.40g。抗震设防烈度和设计基本地震加速度取值的对应关系，应符合表 2-1 的规定。这个取值与《中国地震动参数区划图 A1》所规定的"地震动峰值加速度"相当：即在 0.10g 和 0.20g 之间有一个 0.15g 的区域，0.20g 和 0.40g 之间有一个 0.30g 的区域，在表 2-1 中用括号内数值表示。这两个区域内建筑的抗震设计要求，除另有具体规定外，应分别按抗震设防烈度 7 度和 8 度的要求进行抗震设计。表 2-1 中还引入了与 6 度相当的设计基本地震加速度值 0.05g。

抗震设防烈度和设计基本地震加速度值的对应关系　　　　表 2-1

抗震设防烈度	6	7	8	9
设计基本地震加速度值	0.05g	0.10（0.15）g	0.20（0.30）g	0.40g

注：g 为重力加速度。

2. 设计特征周期（design characterstic period of ground motion）

设计特征周期是抗震设计用的地震影响系数曲线中，反映地震震级、震中距和场地类别等因素的下降段起始点对应的周期值。应根据其所在地的设计地震分组和场地类别确定。如对 II 类场地，第一组、第二组和第三组的设计特征周期，应分别按 0.35s、0.40s 和 0.45s 采用。设计地震的分组是在《中国地震动反应谱特征周期区划图 B1》基础上略作调整，并考虑震级和震中距的影响后将建筑工程的设计地震分为三组。

我国主要城镇（县级及县级以上城镇）中心地区的抗震设防烈度、设计基本地震加速度值和所属的设计地震分组，可按《抗震规范》附录 A 采用。

三、建筑抗震设防分类

建筑物的抗震设防类别的划分，应符合国家标准《建筑抗震设防分类标准》（GB 50223—95）的规定。主要是根据其使用功能的重要性来划分的，按其受地震影响产生的后果，将建筑物分为 4 类：

（1）甲类建筑——应属于重大建筑工程和地震时可能发生严重次生灾害的

建筑。

（2）乙类建筑——应属于地震时使用功能不能中断或需尽快修复的建筑。

（3）丙类建筑——应属于除甲、乙、丁类以外的一般建筑。

（4）丁类建筑——应属于抗震次要建筑。

第二节　抗震设防目标和标准

一、抗震设防目标

房屋结构的抗震设防目标，是对建筑结构应具有的抗震安全性的要求。即房屋结构物遭遇不同水准的地震影响时，结构、构件、使用功能、设备的损坏程度及人身安全的总要求。《抗震规范》将抗震设防目标称为三水准的要求，简称为"小震不坏，中震可修，大震不倒"。

1. 第一水准要求——小震不坏

当遭受低于本地区抗震设防烈度的多遇地震影响时，一般应不受损坏或不需修理可继续使用，即小震不坏。

2. 第二水准要求——中震可修

当遭受相当于本地区抗震设防烈度的地震影响时，可能有一定的损坏，经一般修理或不需修理仍可继续使用，即中震可修。

3. 第三水准要求——大震不倒

当遭受高于本地区抗震设防烈度预估的罕遇地震影响时，不致倒塌或发生危及生命的严重破坏，即大震不倒。

实际上，建筑物在使用期间，对不同频率和强度的地震应具有不同的抵抗能力。一般小震发生的频率较大，因此要求做到结构不受损坏，这在技术上、经济上是可以做到的。大震发生的概率较小，如果要求结构在遭受大震时不受损坏，这在经济上是不合理的。因此，可以允许结构破坏，但是在任何情况下，不应导致建筑物倒塌。

《抗震规范》中实现三水准的设防目标采用了两阶段设计法：

第一阶段设计是承载力验算，取第一水准的地震动参数，计算结构的作用效应和其他荷载效应的基本组合，验算结构构件的承载能力，以及在小震作用下验算结构的弹性变形，以满足第一水准抗震设防目标的要求。这样，既满足了在第一水准下具有必要的承载力可靠度，又满足第二水准的损坏可修的目标。对大多数的结构，可只进行第一水准设计，而通过概念设计和抗震构造措施来满足第二水准的设计要求。

第二阶段设计是在大震作用下的弹塑性变形验算，对特殊要求的建筑、地震时易倒塌的结构以及有明显薄弱层的不规则结构，除进行第一阶段设计外，还要进行薄弱部位的弹塑性层间变形验算并采取相应的抗震构造措施，实现第三水准的抗震设防要求。

概括起来，"三水准，两阶段"抗震设防目标为"小震不坏，中震可修，大震不倒"。

二、建筑抗震设防的标准

1. 抗震设防标准的内容

抗震设防标准（seismic fortification criterion）是衡量抗震设防要求的尺度，是由抗震设防烈度和建筑使用功能的重要性确定的。所涉及的内容包括计算地震作用和采取抗震措施两方面。

应当指出，抗震措施（seismic fortification measures）指除地震作用计算和抗力计算以外的抗震设计内容，包括抗震构造措施。而抗震构造措施（details of seismic design）是根据抗震概念设计原则，一般不需计算，为提高工程结构抗震性能而必须采取的细部构造措施。

2. 各类建筑的抗震设防标准

《抗震规范》规定，抗震设防烈度为6度及以上地区的建筑，必须进行抗震设计。各类建筑的抗震设防标准是：

1）甲类建筑，地震作用应高于本地区抗震设防烈度的要求，其值应按批准的地震安全性评价结果确定。抗震措施：当抗震设防烈度为6~8度时，应符合本地区抗震设防烈度提高一度的要求；当为9度时，应符合比9度抗震设防更高的要求。

2）乙类建筑，地震作用应符合本地区抗震设防烈度的要求。抗震措施：一般情况下，当抗震设防烈度为6~8度时，应符合本地区抗震设防烈度提高一度的要求；当为9度时，应符合比9度抗震设防更高的要求。地基基础的抗震措施，应符合有关规定。

对较小的乙类建筑，当其结构改用抗震性能较好的结构类型时，应允许仍按本地区抗震设防烈度的要求采取抗震措施。

3）丙类建筑，地震作用和抗震措施均应符合本地区抗震设防烈度的要求。

4）丁类建筑，一般情况下，地震作用仍应符合本地区抗震设防烈度的要求。抗震措施应允许比本地区抗震设防烈度的要求适当降低，但抗震设防烈度为6度时不应降低。

值得注意的问题是，抗震设防烈度为6度时，除《抗震规范》有具体规定外，对乙、丙、丁类建筑可不进行地震作用计算。

第三节　抗震概念设计

地震是一种随机事件，有着难以把握的复杂性和不确定性，要准确预测建筑物所遭遇地震的特性和参数，一时尚难做到。地震的破坏作用和建筑结构破坏的机理更是十分复杂，人们应用真实建筑物的整体试验来研究地震破坏规律又受到各种条件的限制，因此，建筑物的抗震设计，还只能以总结历次大地震的实践经验为依据。20世纪70年代以来，人们把建筑物的抗震设计分为两大部分，即抗震计算与抗震概念设计。抗震计算是对地震作用效应进行定量计算；抗震概念设计则是对建筑结构进行正确的选型、合理的布置以及采取有效的抗震构造措施等。由于地震的不确定性和复杂性，以及结构计算模型的假定与实际情况的差异性，使得抗震计算很难有效地控制结构在地震作用下的薄弱环节。在这种条件下，对结构的某一局部作过分精确地计算意义是不大的，因此，抗震概念设计比抗震计算显得更为重要，着眼于建筑总体抗震能力的概念设计，也愈来愈受到国内外工程界的普遍重视。

抗震概念设计是基于震害经验建立的抗震基本设计原则和思想，包括工程结构总体布置和细部构造。

实践证明，在设计一开始，就把握好能量输入、房屋体形、结构体系、刚度分布、构件延性等几个主要方面，从根本上消除建筑中的抗震薄弱环节，再辅以必要的计算和构造措施，才有可能使设计出的建筑具有良好的抗震性能和足够的抗震可靠度。我国的抗震工作者根据大量的宏观调查和对各类建筑物震害分析的结果，将有关概念设计的规律，总结为《抗震规范》中"抗震设计的基本要求"的内容，应严格遵守。

一、选择对抗震有利的场地和地基与基础的设计要求

地震造成建筑物的破坏，除地震直接引起结构破坏外，还有场地条件的原因，诸如地震引起的地表错动与地裂、地基土的不均匀沉陷、滑坡以及粉土和砂土液化等。因此，地震区的建筑宜选择有利的、避开不利的地段，并不在危险的地段建设。

1. 选择对抗震有利场地的原则要求

选择建筑场地时，应根据工程需要，掌握地震活动情况、工程地质和地震地质的有关资料，对抗震有利、不利和危险地段作出综合评价。对不利的地段，应提出避开要求；当无法避开时应采取有效措施；不应在危险地段建造甲、乙、丙类建筑。

2. 地基和基础设计的原则要求

地基和基础设计应符合下列要求：

（1）同一结构单元的基础不宜设置在性质截然不同的地基上；

（2）同一结构单元不宜部分采用天然地基部分采用桩基；

（3）地基为软弱黏性土、液化土、新近填土或严重不均匀土时，应估计地震时地基不均匀沉降或其他不利影响，并采取相应的措施。

二、有利的房屋体形和合理结构布置

震害分析表明，简单、对称的建筑在地震时表现出较好的抗震性能。建筑的立面和竖向剖面宜规则，结构的侧向刚度宜均匀变化，竖向抗侧力构件的截面尺寸和材料强度宜自下而上逐渐减小，避免抗震侧力结构的侧向刚度和承载力突变。为此，《抗震规范》规定建筑设计应符合抗震概念设计的要求，不应采用严重不规则的设计方案。不规则主要有平面不规则和竖向不规则。

1. 平面不规则的类型

（1）扭转不规则，连续楼层的最大弹性水平位移（或层间位移）大于该楼层两端弹性水平位移（或层间位移）平均值的 1.2 倍。

（2）凹凸不规则，结构平面凹进的一侧尺寸，大于相应投影方向总尺寸的 30%。

（3）楼板局部不连续，楼板的尺寸和平面刚度急剧变化。例如，有效楼板宽度小于该层楼板典型宽度的 50%，或开洞面积大于该层楼面面积的 30%，或较大的楼层错层。

2. 竖向不规则的类型

（1）侧向刚度不规则，该层的侧向刚度小于相邻上一层的 70%，或小于其上相邻三个楼层侧向刚度平均值的 80%；除顶层外，局部收进的水平向尺寸大于相邻下一层的 25%。

（2）竖向抗侧力构件不连续，竖向抗侧力构件（柱、抗震墙、抗震支撑）的内力由水平转换构件（梁、桁架等）向下传递。

（3）楼层承载力突变，抗侧力结构的层间受剪承载力小于相邻上一楼层的 80%。

规则与不规则的区分，抗震规范规定了一些定量的界限，但实际上引起建筑结构不规则的因素还有很多，特别是复杂的建筑体型，很难一一用若干简化的定量指标来划分不规则程度并规定限制范围。

这里，"不规则"指的是超过上述规定的一项及以上的不规则指标；特别不规则，指的是多项均超过不规则指标或某一项超过规定指标较多，具有较明显的抗震薄弱部位，将会引起不良后果者；严重不规则，指的是体型复杂，多项不规则指标超过竖向不规则的上限值或某一项大大超过规定值，具有严重抗震薄弱环

节，将会导致地震破坏的严重后果者。

对于体型复杂、平立面特别不规则的建筑结构，可按实际需要在适当部位设置防震缝，形成多个较规则的抗侧力结构单元。防震缝应根据抗震设防烈度、结构材料种类、结构类型、结构单元的高度和高差情况，留有足够的宽度，其两侧的上部结构应完全分开。

当设置伸缩缝和沉降缝时，其宽度应符合防震缝的要求。

三、正确选择抗震结构体系

选择抗震结构体系要综合考虑，采用既经济又合理的形式。因结构的地震反应同建筑场地的类别有密切的关系，场地的地面运动特性又同地震的大小和震中的远近有关，房屋的重要性及装饰水准对结构的侧向变形大小又有所限制，从而对结构选型提出不同的要求。因此，选择结构体系，应符合一定的原则要求。

1. 结构体系应符合的各项要求

（1）应具有明确的计算简图和合理的地震作用传递途径。

（2）应避免因部分结构或构件破坏而导致整个结构丧失抗震能力或对重力荷载的承载能力。

（3）应具备必要的抗震承载力，良好的变形能力和消耗地震能量的能力。

（4）对可能出现的薄弱部位，应采取措施提高抗震能力。

同时，结构体系尚宜符合下列各项要求：

（1）宜有多道抗震防线。

（2）宜具有合理的刚度和承载力分布，避免因局部削弱或突变形成薄弱部位，产生过大的应力集中或塑性变形集中。

（3）结构在两个主轴方向的动力特性宜相近。

2. 结构构件应符合的各项要求

（1）砌体结构应按规定设置钢筋混凝土圈梁和构造柱、芯柱，或采用配筋砌体等。

（2）混凝土结构构件应合理地选择尺寸、配置纵向受力钢筋和箍筋，避免剪切破坏先于弯曲破坏、混凝土的压溃先于钢筋的屈服、钢筋的锚固粘结破坏先于构件破坏。

（3）预应力混凝土的抗侧力构件，应配有足够的非预应力钢筋。

（4）钢结构构件应合理控制尺寸，避免局部失稳或整个构件失稳。

3. 结构各构件之间的连接应符合的各项要求

（1）构件节点的破坏，不应先于其连接的构件。

（2）预埋件的锚固破坏，不应先于连接件。

（3）装配式结构构件的连接，应能保证结构的整体性。

(4) 预应力混凝土构件的预应力钢筋宜在节点核心区以外锚固。

4. 装配式单层厂房的各种抗震支撑系统应保证地震时结构的稳定性

支撑系统的不完善，往往导致构件失稳，屋盖系统倒塌，致使厂房发生灾难性震害。因此，在布置抗震支撑系统时，应特别注意保证屋盖系统和结构的稳定性。

四、重视非结构构件的设计

非结构构件，包括建筑非结构构件和建筑附属机电设备，自身及其与结构主体的连接，应进行抗震设计。

非结构构件的抗震设计，应由相关专业人员分别负责进行。

附着于楼、屋面结构上的非结构构件，应与主体结构有可靠的连接或锚固，避免地震时倒塌伤人或砸坏重要设备。

围护墙和隔墙应考虑对结构抗震的不利影响，避免不合理设置而导致主体结构的破坏。

幕墙、装饰贴面与主体结构应有可靠连接，避免地震时脱落伤人。

安装在建筑上的附属机械、电气设备系统的支座和连接，应符合地震时使用功能的要求，且不应导致相关部件的损坏。

五、保证结构材料和施工的质量

抗震结构对材料和施工质量的特别要求也是抗震概念设计中重要的内容，应在设计文件上注明。

1. 对结构材料性能指标的最低要求

(1) 砌体结构材料应符合下列规定：

1) 烧结普通砖和烧结多孔砖的强度等级不应低于 MU10，其砌筑砂浆强度等级不应低于 M5。

2) 混凝土小型空心砌块的强度等级不应低于 MU7.5，其砌筑砂浆强度等级不应低于 M7.5。

(2) 混凝土结构材料应符合下列要求：

1) 混凝土的强度等级，框支梁、框支柱及抗震等级为一级的框架梁、柱、节点核心区，不应低于 C30；构造柱、芯柱、圈梁及其他各类构件不应低于 C20。

2) 抗震等级为一、二级的框架结构，其纵向受力钢筋采用普通钢筋时，钢筋的抗拉强度实测值与屈服强度实测值的比值不应小于 1.25；且钢筋的屈服强度实测值与强度标准值的比值不应大于 1.3。

(3) 钢结构的钢材应符合下列规定：

1) 钢材的抗拉强度实测值与屈服强度实测值的比值不应小于 1.2；

2）钢材应有明显的屈服台阶，且伸长率应大于 20％；

3）钢材应有良好的可焊性和合格的冲击韧性。

2．结构材料性能指标应符合的要求

（1）普通钢筋宜优先采用延性、韧性和可焊性较好的钢筋；普通钢筋的强度等级，纵向受力钢筋宜选用 HRB400 级和 HRB335 级热轧钢筋，箍筋宜选用 HRB335、HRB400 和 HPB235 级热轧钢筋。钢筋的检验方法应符合现行国家标准《混凝土结构工程施工质量验收规范》GB 50204 的规定。

（2）混凝土结构的混凝土强度等级，9 度时不宜超过 C60，8 度时不宜超过 C70。

（3）钢结构的钢材宜采用 Q235 等级 B、C、D 的碳素结构钢及 Q345 等级 B、C、D、E 的低合金高强度结构钢；当有可靠依据时，也可采用其他钢种和钢号。

3．对施工的特殊要求

（1）在施工中，当需要以强度等级较高的钢筋替代原设计中的纵向受力钢筋时，应按照钢筋受拉承载力设计值相等的原则换算，并应满足正常使用极限状态和抗震构造措施的要求。

（2）采用焊接连接的钢结构，当钢板厚不小于 40mm 且承受沿板厚方向的拉力时，受拉试件板厚方向截面收缩率，不应小于国家标准《厚度方向性能钢板》GB 5313 关于 Z15 级规定的容许值。

（3）钢筋混凝土构造柱、芯柱和底部框架—抗震墙砖房中砖抗震墙的施工，应先砌墙后浇构造柱、芯柱和框架梁柱。

思 考 题

2-1 什么是基本烈度和设防烈度？它们是怎样确定的？

2-2 建筑抗震设防类别依其重要性分为哪几类？分类的作用是什么？

2-3 《建筑抗震设计规范》"三水准"的设防要求是什么？什么是两阶段设计？简述两阶段设计的步骤。

2-4 什么是概念设计？概念设计包括哪几方面内容？

2-5 如何根据建筑物的重要性计算地震作用和采取抗震措施？

2-6 对抗震建筑的平、立面布置有何基本要求？

2-7 在确定抗震结构体系时，应考虑哪些因素？

2-8 对于抗震建筑的非结构构件应注意哪些问题？

2-9 应按什么原则进行主要受力钢筋的替换？

第三章 地基和基础的抗震设计

学 习 要 点

通过对地基和基础抗震设计的学习，了解建筑场地类别及确定方法；掌握场地的卓越周期的概念和可不进行天然地基及基础抗震承载力验算的内容；重点掌握地基基础抗震验算原则及天然地基抗震承载力验算方法；了解砂土液化的原因及其产生的震害；掌握影响砂土液化的因素、砂土液化的判别方法以及地基抗液化的主要措施。

第一节 建 筑 场 地

一、场地及场地类别

场地（site）是指工程群体所在地，具有相似的反应谱特征。其范围相当于厂区、居民小区、自然村或不小于 $1.0km^2$ 的平面面积。建筑的场地类别的划分以土层等效剪切波速和场地覆盖层厚度双参数为定量标准。

1. 建筑场地覆盖层厚度

由地面至剪切波速大于规定值的土层或坚硬土顶面的距离称为建筑场地覆盖层厚度，其确定应符合下列要求：

（1）一般情况下，应按地面至剪切波速大于 $500m/s$ 的土层顶面的距离确定。

（2）当地面5m以下存在剪切波速大于相邻土层土剪切波速2.5倍的土层，且其下卧岩土的剪切波速均不小于 $400m/s$ 时，可按地面至该土层顶面的距离确定。

（3）剪切波速大于 $500m/s$ 的孤石、透镜体，应视同周围土层。

（4）土层中的火山岩硬夹层，应视为刚体，其厚度应从覆盖土层中扣除。

2. 等效剪切波速

场地土是指场地范围的地基土，一般情况下是由多种性质不同的土层组成。场地土的刚性一般用土的等效剪切波速表示。等效剪切波速是根据地震波通过计算深度范围内多层土层的时间等于该波通过计算深度范围内单一土层所需时间的条件求得。

设场地计算深度范围内有 n 种性质不同的土层组成（图 3-1），土层的等效剪切波速，应按下列公式计算：

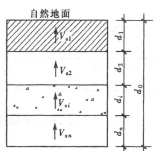

自然地面

图 3-1 多层土组成的场地

$$v_{se} = d_0 / t \qquad (3-1)$$

$$t = \sum_{i=1}^{n} (d_i / v_{si}) \qquad (3-2)$$

式中 v_{se}——土层等效剪切波速（m/s）；

$\quad\quad v_{si}$——计算深度范围内第 i 土层的剪切波速（m/s）；

$\quad\quad d_0$——计算深度（m），取覆盖层厚度和 20m 二者的较小值；

$\quad\quad d_i$——计算深度范围内第 i 土层的厚度（m）；

$\quad\quad n$——计算深度范围内土层的分层数；

$\quad\quad t$——剪切波在地面至计算深度之间的传播时间。

对丁类建筑及层数不超过 10 层且高度不超过 30m 的丙类建筑，当无实测剪切波速时，可根据岩土名称和性状，按表 3-1 划分土的类型，再利用当地经验在表 3-1 的剪切波速范围内估计各土层的剪切波速。

土的类型划分和剪切波速范围 表 3-1

土的类型	岩土名称和性状	土层剪切波速范围（m/s）
坚硬土或岩石	稳定岩石，密实的碎石土	$v_s > 500$
中硬土	中密、稍密的碎石土，密实、中密的砾、粗、中砂，$f_{ak} > 200$ 的黏性土和粉土，坚硬黄土	$500 \geqslant v_s > 250$
中软土	稍密的砾、粗、中砂，除松散外的细、粉砂，$f_{ak} \leqslant 200$ 的黏性土和粉土，$f_{ak} > 130$ 的填土，可塑黄土	$250 \geqslant v_s > 140$
软弱土	淤泥和淤泥质土，松散的砂，新近沉积的黏性土和粉土，$f_{ak} \leqslant 130$ 的填土，流塑黄土	$v_s \leqslant 140$

注：f_{ak} 为由载荷试验等方法得到的地基承载力特征值（kPa）；v_s 为岩土剪切波速。

3. 建筑的场地类别

建筑的场地类别，根据土层等效剪切波速和场地覆盖层厚度按表 3-2 划分为四类。当有可靠的剪切波速和覆盖层厚度且其值处于表 3-2 所列场地类别的分界线附近时，即允许按插值方法确定地震作用计算所用的设计特征周期。

各类建筑场地的覆盖层厚度（m） 表 3-2

等效剪切波速（m/s）	场 地 类 别			
	I	II	III	IV
$v_{se} > 500$	0			
$500 \geqslant v_{se} > 250$	< 5	$\geqslant 5$		

等效剪切波速	场 地 类 别			
(m/s)	I	II	III	IV
$250 \geqslant v_{se} > 140$	< 3	3 ~ 50	> 50	
$v_{se} \leqslant 140$	< 3	3 ~ 15	> 15 ~ 80	> 80

二、场地土的卓越周期

地震波是一种波形十分复杂的行波。根据理论分析知道，它是由许多频率不同的分量组成的，场地土对地震波各个分量有不同的放大作用。根据理论计算知道，对其中放大得最多的行波分量的周期 T_p，与基岩以上土层厚度 H 和波速 v_s 有下列关系：

$$T_p = \frac{4H}{v_s} \tag{3-3}$$

式中　T_p——场地土对地震波分量放大得最多的周期 (s)；

　　　H——基岩以上土层厚度 (m)；

　　　v_s——地震剪切波速 (m/s)。

由式 (3-3) 可知，地震波的某个分量的周期，恰为该波穿过表层土所需时间的4倍时，这个波的分量将被放大得最多，即该波引起土层的振动最为强烈。这样，我们将满足式 (3-3) 条件的周期，叫做场地土的卓越周期 T_p。

由于场地土的性质和厚度不同，其卓越周期也不相同。坚硬场地土的卓越周期比软弱场地土的卓越周期短；基岩以上的土层越厚，场地土的卓越周期越长。

土的卓越周期是场地土的重要动力特性之一。震害调查表明，凡是结构的自振周期与场地土的卓越周期相等或接近时，建筑物的震害都有加重的趋势。例如，多层砖房自振周期比较短，当其地基范围内有软土夹层时，地基土的卓越周期较长，地震时，如不出现地基失效，多层砖房的震害反而比Ⅰ、Ⅱ类场地土上的同类建筑轻。因此，在结构抗震设计中，应使结构的自振周期避开场地的卓越周期，以免产生类共振现象。

三、建筑场地抗震性能的评价及有关规定

国内外历次地震破坏经验表明，一次地震中地面建筑破坏的轻重，除与地震强度和建筑物抗震性能有关外，尚与建筑物所在地的场地条件有密切的关系，这已被世界各国工程抗震学者所公认。

场地特性主要表现在两个方面：一方面由于场地的工程地质、水文地质、基岩构造及地形条件的差异，引起建筑物所在场地上各类建筑的振动特性变化，造成某些建筑破坏重或轻。如：软土较厚的场地在同一个城市中高层建筑破坏严

重，而低层刚度大的建筑破坏较轻。另一方面是场地、地基稳定性遭到破坏，如地基土液化、震陷、地震错位、边坡失稳等。

1. 断裂工程抗震评价

断裂对工程影响主要是发震断裂，地震时与地下断裂构造直接相关的地表地裂位错带，建在这类位错带上的建筑破坏是不易用工程措施加以解决的，因此，规范中划为危险地段时，应予避开。至于与发震断裂间接相关的受应力场控制所产生的地裂（如分支及次生地裂）对经过正规设计建造的工业与民用建筑影响不大，地裂缝遇到此类建筑不是中断就是绕其分布，仅对埋藏很浅的排污渠道及农村民房有一定影响，此类可以通过工程措施加以解决。

（1）抗震设防烈度小于 8 度可不考虑发震断裂对地面建筑的影响

目前我国抗震设计规范的设防是按概率水平考虑的，说明按设防水平进行设计时，当遭遇到地震时仍可能有少量建筑超出设防水平而破坏，并不是保证 100％都不会遭到破坏；同样，考虑不同烈度出现地表地裂对建筑有无影响的地震强度界限时，也应按出现的概率大小确定。根据大量地震实例综合分析结果确定，在地震烈度为 8 度或 8 度以上时才需考虑地表断裂错动对工程建筑的影响。

（2）隐伏发震断裂上覆土层厚度对地面建筑的影响

抗震设计规范提出发震断裂的概念后，在地震及地质界曾提出"凡是活动断裂均可能发生地震"这样的观点，但对活动断裂来讲有"什么时间活动过，工程上才需考虑"的问题。经过不断深入研究，在活动断裂时间下限方面已经取得了一致意见：即对一般工业与民用建筑只考虑 1.0 万年（全新世）以来活动过的断裂，在此地质期以前活动过的断裂可不予考虑。

由北京市勘察设计研究院在建设部抗震办申请立项，对发震断裂上覆土层厚度对工程影响做了专项研究。本次研究主要采用大型土工离心机模拟试验。据此提出了 8 度和 9 度时上覆土层安全厚度界限值分别为 60m 和 90m。应当说这个结果是初步的，可能有些因素尚未考虑，也可能安全系数偏大，但毕竟是第一次有模拟试验为基础的定量提法。

（3）避让距离

地震时发震断裂在地表形成的地裂带宽度大小，既受到震级的影响，亦受到滑动类型、地形地貌、沉积物沉积环境特点的影响。一般震级愈大，形成的地裂带宽度愈大，倾滑型比走滑型影响宽度要大，平原地区比基岩出露区要大。我国地震断裂多为走滑型，新产生的地震地表地裂主要分布在原有发震断裂带附近，分布宽度较小。真正对建筑影响较大的是与发震断裂直接相关的直通地表的较窄的地裂，其外围与地震断裂间接相关的各种应力造成的地裂一般对正规设计的建筑影响不大。

综合上述几方面研究成果后，《抗震规范》提出场地内存在发震断裂时，应对断裂的工程影响进行评价，对符合下列规定之一的情况，可忽略发震断裂错动对地面建筑的影响：

（1）抗震设防烈度小于 8 度；

（2）非全新世活动断裂；

（3）抗震设防烈度为 8 度和 9 度时，前第四纪基岩隐伏断裂的土层覆盖厚度分别大于 60m 和 90m。

对不符合上述规定的情况，应避开主断裂带。其避让距离不宜小于表 3-3 对发震断裂最小避让距离的规定。

发震断裂的最小避让距离（m）　　　　　　　　　表 3-3

烈度	建筑抗震设防类别			
	甲	乙	丙	丁
8	专门研究	300m	200m	—
9	专门研究	500m	300m	—

2. 地形影响的评价

宏观震害调查的结果和对不同地形条件和岩土构成的形体所进行的二维地震反应分析结果表明，局部突出地形对地震动参数的放大作用主要表现在以下几个方面：

（1）在高突地形距离基准面的高度愈大，高处的反应愈强烈；

（2）离陡坎和顶部边缘的距离愈大反应相对减小；

（3）从岩土构成方面看，在同样地形条件下，土质结构的反应比岩质结构大；

（4）高突地形顶面愈开阔，远离边缘的中心部位的反应是明显减小的；

（5）边坡愈陡，其顶部的放大效应相应加大。

为此，当需要在条状突出的山嘴、高耸孤立的山丘、非岩石的陡坡、河岸和边坡边缘等不利地段建造丙类及丙类以上建筑时，除保证其在地震作用下的稳定性外，尚应估计不利地段对设计地震动参数可能产生的放大作用，其地震影响系数最大值应乘以增大系数。增大系数可根据不利地段的具体情况确定，但不宜大于 1.6。

综上所述，建筑场地抗震性能评价要求场地岩土工程勘察时，应根据实际需要划分对建筑有利、不利和危险的地段，提供建筑的场地类别和岩土地震稳定性（如滑坡、崩塌、液化和震陷特性等）评价，对需要采用时程分析法补充计算的建筑，尚应根据设计要求提供土层剖面、场地覆盖层厚度和有关的动力参数。

第二节　地基和基础的抗震设计

从我国多次强烈地震中遭受破坏的建筑来看，只有不到10%的少数房屋是因为地基的原因而导致上部结构破坏的，而且这类地基多为液化地基、易产生震陷的软弱黏性土地基和严重不均匀地基，大量的地基具有较好的抗震性能，只发现极少由于地基承载力不足而导致的震害。基础结构损坏的事例更是少有。基于上述事实，我国《抗震规范》对地基基础抗震设计的原则是：对于一般地基上的层数不多的普通建筑，地基和基础都可不进行抗震验算；而对于容易产生地基基础震害的液化地基、软弱土地基和严重不均匀地基，则规定抗震措施，靠有效的措施（不要求作抗震验算）来避免或减轻震害。

地基在地震作用下的稳定性对基础结构乃至上部结构的内力分布是比较敏感的，因此，地震时，确保地基基础始终能够承受上部结构传来的竖向地震作用、水平地震作用以及倾覆力矩作用，而不发生过大的沉陷或不均匀沉陷是地基基础抗震设计的一个基本要求。

根据震害规律，地基和基础的抗震设计是通过选择合理的基础体系、地基土的抗震承载能力验算、地基基础抗震措施来保证其抗震能力。

一、不需要进行天然地基及基础抗震承载力验算的建筑

根据我国多次强烈地震中建筑遭受破坏的资料分析，下述在天然地基上的各类建筑极少是因为地基失效而引起结构破坏的，故可不进行地基及基础的抗震承载力验算：

（1）砌体房屋；

（2）地基主要受力层范围内不存在软弱黏性土层的下列建筑：

1）一般的单层厂房和单层空旷房屋；

2）不超过8层且高度在25m以下的一般民用框架房屋；

3）基础荷载与2）项相当的多层框架厂房；

（3）《抗震规范》规定可不进行上部结构抗震验算的建筑。

软弱黏性土层指7、8和9度时，地基承载力特征值分别小于80、100和120kPa的土层。

二、天然地基基础的抗震承载力的验算

在地震作用下，为保证上部结构的安全，仅就对地基的有关要求而言，和静力计算一样，应该同时满足地基变形和承载力两个条件的要求。但是，由于在地震作用下地基变形过程非常复杂，目前还没有条件进行这方面的定量计算。因

此,《抗震规范》只要求地基土进行抗震承载力验算。至于地基变形验算,则是通过对上部结构或地基采取一定的抗震措施来弥补。

天然地基上(Ⅰ、Ⅱ、Ⅲ类场地)的抗震承载力验算采用拟静方法。此法假定地震作用如同静力作用,然后在静力作用条件下验算地基及基础的承载力和地基的稳定性。采用"拟静方法"需确定地基土的抗震承载力,考虑地震作用的偶然性和短暂性以及工程的经济性,地基土抗震承载力验算的可靠度容许降低一些;再考虑到地震作用是一种有限次循环的动力作用,而稳定的地基土在有限次循环动力作用下,它的动承载力一般比静承载力略高一些的规律,《抗震规范》将地基土的静承载力按下式予以提高:

$$f_{aE} = \xi_a f_a \tag{3-4}$$

式中　f_{aE}——调整后的地基抗震承载力;

　　　ξ_a——地基抗震承载力调整系数,应按表 3-4 采用;

　　　f_a——深、宽修正后的地基承载力特征值,应按现行国家标准《建筑地基基础设计规范》(GB 50007—2002)采用。

地基土抗震承载力调整系数　　　　　　　　　　　　　　　　　表 3-4

岩态土名称和性状	ξ_a
岩石,密实的碎石土,密实的砾、粗、中砂,$f_{ak} \geq 300$ 的黏性土和粉土	1.5
中密、稍密的碎石土,中密和稍密的砾、粗、中砂,密实和中密的细、粉砂,$150 \leq f_{ak} < 300$ 的黏性土和粉土,坚硬黄土	1.3
稍密的细、粉砂,$100 \leq f_{ak} < 150$ 的黏性土和粉土,可塑黄土	1.1
淤泥,淤泥质土,松散的砂,杂填土,新近堆积黄土及流塑黄土	1.0

验算天然地基地震作用下的竖向承载力时,按地震作用效应标准组合的基础底面平均压力和边缘最大压力应符合下列各式要求:

$$p \leq f_{aE} \tag{3-5}$$

$$p_{max} \leq 1.2 f_{aE} \tag{3-6}$$

式中　p——地震作用效应标准组合的基础底面平均压力;

　　　p_{amx}——地震作用效应标准组合的基础边缘的最大压力。

为了保证建筑物的抗震稳定性,在地震作用下,高宽比大于 4 的高层建筑,基础底面不宜出现拉应力;其他建筑,基础底面与地基土之间零应力区面积不应超过基础底面面积的 15%。

三、桩基础的抗震设计

1. 不进行桩基抗震承载力验算的建筑

对于承受竖向荷载为主的低承台桩基,当地面下无液化土层且桩承台周围无淤泥、淤泥质土和地基承载力特征值不大于 100kPa 的填土，下列建筑可不进行桩基抗震承载力验算：

（1）砌体房屋和《抗震规范》规定可不进行上部结构抗震验算的建筑；

（2）7 度和 8 度时的下列建筑：

1）一般的单层厂房和单层空旷房屋；

2）不超过 8 层且高度在 25m 以下的一般民用框架房屋；

3）基础荷载与 2）项相当的多层框架厂房。

2. 低桩承台桩基的抗震验算

（1）非液化土桩基

非液化土中低承台桩基的抗震验算，应符合下列规定：

1）单桩的竖向和水平向抗震承载力特征值，可均比非抗震设计时提高 25%取用；

2）当承台周围的回填土夯实至干密度不小于《建筑地基基础设计规范》对填土的要求时，可由承台正面填土与桩共同承担水平地震作用；但不应计入承台底面与地基土间的摩擦力。

（2）存在液化土层的低承台桩基

存在液化土层的低承台桩基的抗震验算，应符合下列规定：

1）对一般浅基础，不宜计入承台周围土的抗力或刚性地坪对水平地震作用的分担作用。

2）当桩承台底面上、下分别有厚度不小于 1.5、1.0m 的非液化土层或非软弱土层时，可按下列二种情况进行桩的抗震验算，并按不利情况设计：

①桩承受全部地震作用，桩承载力按非液化土桩基承载力取用，液化土的桩周摩阻力及桩水平抗力均应乘以表 3-5 中的折减系数。

②地震作用按水平地震影响系数最大值的 10%采用，单桩的竖向和水平向抗震承载力特征值，可均比非抗震设计时提高 25%取用，但应扣除液化土层的全部摩阻力及桩承台下 2m 深度范围内非液化土的桩周摩阻力。

土层液化影响折减系数　　　　　　表 3-5

实际标贯锤击数/临界标贯锤击数	深度 d_s（m）	折减系数
≤0.6	$d_s \leq 10$	0
	$10 < d_s \leq 20$	1/3
0.6~0.8	$d_s \leq 10$	1/3
	$10 < d_s \leq 20$	2/3
>0.8~1.0	$d_s \leq 10$	2/3
	$10 < d_s \leq 20$	1

3）打入式预制桩及其他挤土桩，当平均桩距为 2.5～4 倍桩径且桩数不少于 5×5 时，可计入打桩对土的加密作用及桩身对液化土变形限制的有利影响。当打桩后桩间土的标准贯入锤击数值达到不液化的要求时，单桩承载力可不折减，但对桩尖持力层用强度校核时，桩群外侧的应力扩散角应取为零。打桩后桩间土的标准贯入锤击数宜可由试验确定，也可按下式计算：

$$N_1 = N_P + 100\rho(1 - e^{-0.3N_P}) \tag{3-7}$$

式中　N_1——打桩后的标准贯入锤击数；

　　　ρ——打入式预制桩的面积置换率；

　　　N_P——打桩前的标准贯入锤击数。

3. 桩基验算的其他规定

（1）处于液化土中的桩基承台周围，宜用非液化土填筑夯实，若用砂土或粉土则应使土层的标准贯入锤击数不小于液化判别标准贯入锤击数临界值。

（2）液化土中桩的配筋范围，应自桩顶至液化深度以下符合全部消除液化沉陷所要求的深度，其纵向钢筋应与桩顶部相同，箍筋应加密。

（3）在有液化侧向扩展的地段，距常时水线 100m 范围内的桩基除应满足本节中的其他规定外，尚应考虑土流动时的侧向作用力，且承受侧向推力的面积应按边桩外缘间的宽度计算。

四、地基基础的抗震措施

1. 软弱黏性土

经宏观调查和勘察表明，地震时，软弱黏性土地基是否失效，是与地基土的静承载力有关的。因此我们将处于 7、8 和 9 度区的，地基土静承载力标准值分别小于 80、100 和 120kPa 的黏性土，称为软弱黏性土。

软弱黏性土的特点是承载力低，压缩性大。如果设计考虑不周，施工不当，将会使建筑在这类地基上的房屋下沉，造成上部结构开裂。如遇地震，将会产生过大的附加沉降，甚至造成地基震陷，建筑物局部破坏、倾倒。

当建筑物地基主要受力层范围内存在软弱黏性土时，应首先做好静力条件下的地基基础设计。这是因为遇到这类地基时，静力条件下的地基基础设计要求与抗震设计的要求是一致的，都需要提高建筑物的整体性和增强抵抗地基变形的能力，同时还需要对地基进行人工处理。具体抗震措施如下：

（1）应首先考虑采用桩基础或其他人工地基。非液化地基上的低桩承台基础震陷很小，结构的动力反应不敏感，是一种良好的基础形式。对地基进行人工处理，将大大提高地基抗震陷的能力。

（2）选择合适的基础埋置深度。基础深埋可以增加建筑物的嵌固作用，减轻震害。同时，利用地基基础的补偿性设计原理，减少基底的附加压力，从而减少基础的沉降。

（3）调整基底面积。在抗震设计时，应调整基底面积，以便减轻基础荷载和减少基础偏心，目的是为了减小基底的压力。因为软弱地基松软沉降量大，在这种地基上设计基础时，应留有较多的安全储备，基底的压力减小了，沉降量也将减少。

（4）加强基础的整体性和刚性。如采用箱基、筏基或钢筋混凝土十字交叉基础，加设基础圈梁等。基础应尽可能取直，拉通，避免切断。基础的整体性和刚性好，可以较好地调整基底压力，有效地减轻震陷引起的不均匀沉降，从而减轻上部结构的损害，这是在软弱地基上提高基础抗震性能的有效措施。

（5）采取上部结构的协调措施。在抗震设计时，应增加上部结构的整体刚度和均衡对称性，合理设置沉降缝，预留结构净空或采用柔性接头，避免采用对不均匀沉降敏感的结构形式等。这些措施都能减少或抵抗震陷引起的不均匀沉降导致的结构破坏。

2. 严重不均匀地基

所谓严重不均匀地基是指古河道、暗藏沟坑边缘地带、山坡地的半填半挖地段、山区中的岩土地基、局部的可液化土层或不均匀可液化土层，以及由于其他成因造成岩性或状态明显不同的地基。

地震时，严重不均匀地基容易产生裂缝、土体滑动、不均匀沉降等地基失效现象，从而使房屋开裂、变形或倾倒。这种不均匀地基加重了建筑物的震害，因此，在布置建筑物平面时，应尽量避开这类地基。如果必须利用不均匀地基时，则应详细查明地质地貌、地形条件，查清不均匀地基的组成、分布范围、不均匀程度。在进行抗震设计时，根据具体情况采取适当的抗震措施。例如，考虑上部结构和地基的共同工作，对建筑物的型体、设防烈度、荷载情况、结构类型、地质条件等进行综合分析，确定合理的建筑措施、结构措施和地基处理措施。

第三节　可液化地基和抗液化措施

可液化地基属于对建筑抗震不利地基，应采取相应的抗震措施，提高其抗震能力。因此，判别可液化地基和选择抗液化措施，是建筑结构抗震设计中十分重要的问题。

一、液化的概念

在地下水位以下的松散的饱和砂土或饱和粉土受到地震的作用时，土颗粒间有压密的趋势，因此表现为土中孔隙水压力增高以及孔隙水向外运动，引起地面出现喷水冒砂现象，或因更多水分来不及排出，致使土颗粒处于悬浮状态，形成有如"液体"一样的现象，称为液化。

饱和砂土或饱和粉土在静载作用下具有一定的承载能力，但是，在强烈的地震作用下容易产生液化现象。其抗剪强度几乎等于零，地基承载能力完全丧失，建筑物如同处于液体之上，往往造成下陷、浮起、倾倒、开裂等难以修复的破坏。唐山大地震时发生的大面积液化现象，使得距震中48km的芦台地区成为8度区中的9度高强烈异常区。由于芦台地区地面以下的灰色粉土（即轻亚黏土）层液化，致使超过4万 km² 的耕地被喷砂覆盖了将近1/4，铁路被喷砂淹没，35处河堤沉陷，基底失稳引起15处河堤滑坡，87%的建筑完全倒塌或严重破坏。

二、影响液化的因素

场地土液化与许多因素有关，因此需要根据多项指标综合判断土层是否会发生液化。但是当某项指标达到一定数值时，不论其他因素情况如何，土层都不会发生液化，或即使发生液化也不会造成房屋震害。我们称这个数值为这个指标的界限值。

震害调查表明，影响地基土液化的因素主要如下：

1. 土层的地质年代的影响

地震宏观调查告诉我们：地质年代愈古老久远，地层的固结程度、结构性也就愈好，抗液化的能力也就愈强。例如天津市处于3000多年前海相沉积的含少量黏土的砂土层上，由于生成时间较久，土质较密实，在唐山大地震时没有发生喷水冒砂现象。

2. 土的组成的影响

就饱和砂土而言，由于细砂、粉砂的渗透性比粗砂、中砂差，所以细砂、粉砂更容易液化。较粗的砂土也有发生液化的实例，但是因为它比细砂、粉砂的透水性高，孔隙水的超压作用时间较短，故液化进行的时间也较短，造成的变位也较小。

就粉土而言，黏粒（粒径小于0.005mm）含量愈多，液化就愈困难，理论分析和实践表明，当粉土中黏粒的含量超过某一限值时，粉土不会液化，这是由于黏粒含量的增加，使土的粘聚力增大，从而增强了抵抗液化的能力。

3. 密实度的影响

砂土或粉土愈松散愈容易液化。从我国对海城地震时砂土液化的考察分析来看，在7、8和9度区，当饱和砂土的相对密实度分别小于55%、70%和80%时将产生液化现象。

4. 地下水位和上覆非液化土层厚度的影响

地下水位愈低，上覆非液化土层厚度愈大，即有效覆盖压力愈大，可液化土层就愈不容易产生液化。从对唐山大地震液化区与非液化区的对比分析可以看出，地下水位深度大于 6m 处，未发现喷水冒砂现象，上覆非液化土层厚度大于 6m 处，也没有发现喷水冒砂现象。

5. 地震烈度的影响

地震烈度愈高和地震持续的时间愈长，液化现象愈严重。一般 6 度以及 6 度以下的地区，很少看到液化现象。所以，设防烈度为 6 度的地区，除了对液化沉降敏感的建筑物外，一般不考虑液化现象的影响。

三、判别可液化土层的方法

饱和砂土和饱和粉土（不含黄土）的液化判别和地基处理，6 度时，一般情况下可不进行判别和处理，但对液化沉陷敏感的乙类建筑可按 7 度的要求进行判别和处理，7~9 度时，乙类建筑可按本地区抗震设防烈度的要求进行判别和处理。

根据地震时的现场调查、室内模拟试验以及对影响土层液化因素分析的结果，《抗震规范》采用"两步判别法"来判别可液化土层。

1. 初步判别

饱和砂土或饱和粉土的液化与许多因素有关，因此，需要根据多指标进行综合分析。但是，每当某一项指标达到一定数值后，无论其他因素的指标如何，液化都不会发生，或即使发生了液化也不会影响到地面，我们称这一数值为该项指标的界限值。因此，凡满足下列任何一个指标界限值要求的饱和砂土或饱和粉土，应初步判别为不液化或不考虑液化影响的土层。经初步判别为不液化或不考虑液化影响的土层，可不进行第二步判别，以节省勘察工作量。

为此，饱和的砂土或粉土（不含黄土），当符合下列条件之一时，可初判别为不液化或可不考虑液化影响；

（1）地质年代为第四纪晚更新世（Q_3）及其以前时，7、8 度时可判为不液化。

（2）粉土的黏粒（粒径小于 0.005mm 的颗粒）含量，7、8 和 9 度分别不小于 10%、13% 和 16% 时，可判为不液化土。

（3）天然地基的建筑，当上覆非液化土层厚度和地下水位深度符合下列条件之一时，可不考虑液化影响：

$$d_u > d_0 + d_b - 2 \tag{3-8}$$

$$d_w > d_0 + d_b - 3 \tag{3-9}$$

$$d_u + d_w > 1.5d_0 + 2d_b - 4.5 \tag{3-10}$$

式中　d_w——地下水位深度（m），宜按设计基准期内年平均最高水位采用，也可按近期内年最高水位采用；

　　　d_u——上覆盖非液化土层厚度（m），计算时宜将淤泥和淤泥质土层扣除；

d_b——基础埋置深度（m），不超过 2m 时应采用 2m；

d_0——液化土特征深度（m），可按表 3-6 采用。

液化土特征深度 d_0（m）　　　　　　　　　表 3-6

饱和土类别	7 度	8 度	9 度
粉土	6	7	8
砂土	7	8	9

2. 标准贯入试验判别

当初步判别认为需进一步进行液化判别时，应采用标准贯入试验判别法判别地面下 15m 深度范围内的液化；当采用桩基或埋深大于 5m 的深基础时，尚应判别 15～20m 范围内土的液化。

标准贯入试验判别时，当饱和砂土或饱和粉土在地面下 20m 深度范围内，将饱和砂、粉土分为若干标高的试验土层，先用钻具钻至试验土层标高以上 15cm，然后用 63.5kg 重的穿心锤以 760mm 的自由落距，将贯入器打入土层 30cm，记录锤击次数为 $N_{63.5}$（未经杆长修正）。若 $N_{63.5}$ 小于以下液化判别标准贯入锤击数的临界值 N_{cr}，即 $N_{63.5} < N_{cr}$ 时，应判别为可液化土，否则即为不液化土。

在地面下 15m 深度范围内，液化判别标准贯入锤击数临界值可按下式计算：

$$N_{cr} = N_0[0.9 + 0.1(d_s - d_w)]\sqrt{3/\rho_c}(d_s \leqslant 15) \tag{3-11}$$

在地面下 15～20m 范围内，液化判别标准贯入锤击数临界值可按下式计算：

$$N_{cr} = N_0(2.4 - 0.1d_s)\sqrt{3/\rho_c}(15 \leqslant d_s \leqslant 20) \tag{3-12}$$

式中　N_{cr}——液化判别标准贯入锤击数临界值；

N_0——液化判别标准贯入锤击数基准值，应按表 3-7 采用；

d_s——饱和土标准贯入点深度（m）；

ρ_c——黏粒含量百分率，当小于 3 或为砂土时，应采用 3。

标准贯入锤击数基准值　　　　　　　　　　　表 3-7

设计地震分组	7 度	8 度	9 度
第一组	6（8）	10（13）	16
第二、三组	8（10）	12（15）	18

括号内数字用于设计基本加速度为 $0.15g$ 和 $0.30g$ 的地区

四、液化指数与液化等级

《抗震规范》在鉴别场地土液化危害的严重程度时，给出了液化指数的概念，并根据液化指数划分液化等级，对液化地基进行评价。

1. 液化指数

对存在液化土层的地基，应探明各液化土层的深度和厚度，按下式计算每个钻孔的液化指数，并按表 3-8 综合划分地基的液化等级：

$$I_{lE} = \sum_{i=1}^{n} \left(1 - \frac{N_i}{N_{cri}} \right) d_i W_i \qquad (3-13)$$

式中　I_{lE}——液化指数；

　　　n——在判别深度范围内每一个钻孔标准贯入试验点的总数；

　　N_i、N_{cri}——分别为 i 点标准贯入锤击数的实测值和临界值，当实测值大于临界值时应取临界值的数值；

　　　d_i——i 点所代表的土层厚度（m），可采用与该标准贯入试验点相邻的上、下两标准贯入试验点深度差的一半，但上界不小于地下水位深度，下界不大于液化深度；

　　　W_i——i 土层单位土层厚度的层位影响权函数值（单位为 m^{-1}）。若判别深度为 15m，当该层中点深度不大于 5m 时应取 10，等于 15m 时应取零，5～15m 时应按线性内插法取值；若判别深度为 20m，当该层中点深度不大于 5m 时应取 10，等于 20m 时应取零，5～20m 时应按线性内插法取值。

2. 液化等级

通过宏观调查和综合分析，根据液化指数，将存在可液化土层的地基分为轻微、中等和严重 3 个等级，见表 3-8。各液化等级地基的液化危害的严重程度如下：

（1）轻微液化地基，地面无喷水冒砂现象或仅在洼地、河边有零星的喷水冒砂点。对建筑危害性小，一般不至于引起明显的震害；

（2）中等液化地基，地面出现喷水冒砂的可能性大，从轻微喷冒到严重喷冒均有，多数属于中等喷冒。对建筑危害性较大，可造成不均匀沉陷和开裂，在不利的土层条件和结构条件下，有时不均匀沉陷值可能达到 200mm；

（3）严重液化地基，地面喷水冒砂现象都很严重，地面变形很明显。对建筑危害性大，不均匀沉陷值可能大于 200mm，高重心结构可能产生不容许的倾斜。

液　化　等　级　　　　　　　　　　　　　表 3-8

液化等级	轻微	中等	严重
判别深度为 15m 时的液化指数	$0 < I_{lE} \leqslant 5$	$5 < I_{lE} \leqslant 15$	$I_{lE} > 15$
判别深度为 20m 时的液化指数	$0 < I_{lE} \leqslant 6$	$6 < I_{lE} \leqslant 18$	$I_{lE} > 18$

五、液化地基的抗液化措施

当液化土层较平坦且均匀时，地基的抗液化措施应根据建筑的抗震设防类别、地基的液化等级，结合具体情况按表 3-9 选用全部消除地基液化沉陷的措施、部分消除地基液化沉陷的措施或减轻液化影响的基础和上部结构处理。尚可计入上部结构重力荷载对液化的危害的影响，根据液化震陷量的估计适当调整抗液化措施。

不宜将未经处理的液化土层作为天然地基持力层。

抗 液 化 措 施 表 3-9

建筑抗震设防类别	地基的液化等级		
	轻微	中等	严重
乙类	部分消除液化沉陷，或对基础和上部结构处理	全部消除液化沉陷，或部分消除液化沉陷且对基础和上部结构处理	全部消除液化沉陷
丙类	对基础和上部结构处理，亦可不采取措施	对基础和上部结构处理，或采取更高要求的措施	全部消除液化沉陷，或部分消除液化沉陷且对基础和上部结构处理
丁类	可不采取措施	可不采取措施	对基础和上部结构处理，或采取其他经济的措施

（1）全部消除地基液化沉陷的措施，应符合下列要求：

1）采用桩基时，桩端伸入液化深度以下稳定土层中的长度（不包括桩尖部分），应按计算确定，且对碎石土，砾、粗、中砂，坚硬黏性土和密实粉土尚不应小于 0.5m，对其他非岩石土尚不宜小于 1.5m。

2）采用深基础时，基础底面应埋入液化深度以下的稳定土层中，其深度不应小于 0.5m。

3）采用加密法（如振冲、振动加密、挤密碎石桩、强夯等）加固时，应处理至液化深度下界；振冲或挤密碎石桩加固后，桩间土的标准贯入锤击数不宜小于表 3-7 规定的液化判别标准贯入锤击数临界值。

4）用非液化土替换全部液化土层。

5）采用加密法或换土法处理时，基础边缘以外的处理宽度，应超过基础底面下处理深度的 1/2 且不小于基础宽度的 1/5。

（2）部分消除地基液化沉陷的措施，应符合下列要求：

1）处理深度应使处理后的地基液化指数减小，当判别深度为 15m 时，其值不宜大于 4，当判别深度为 20m 时，其值不宜大于 5；对独立基础和条形基础，尚不应小于基础底面下液化土特征深度和基础宽度的较大值。

2）采用振冲或挤密碎石桩加固后，桩间土的标准贯入锤击数不宜小于表 3-7 规定的液化判别标准贯入锤击数临界值。

3）基础边缘以外的处理宽度，应超过基础底面下处理深度的 1/2 且不小于基础宽度的 1/5。

（3）减轻液化影响的基础和上部结构处理，可综合采用下列各项措施：

1）选择合适的基础埋置深度。

2）调整基础底面积，减少基础偏心。

3）加强基础的整体性和刚度，如采用箱基、筏基或钢筋混凝土交叉条形基础，加设基础圈梁等。

4）减轻荷载，增强上部结构的整体刚度和均匀对称性，合理设置沉降缝，避免采用对不均匀沉降敏感的结构形式等。

5）管道穿过建筑处应预留足够尺寸或采用柔性接头等。

（4）液化等级为中等液化和严重液化的古河道、现代河滨、海滨，当有液化侧向扩展或流滑可能时，在距常时水线约 100m 以内不宜修建永久性建筑，否则应进行抗滑动验算、采取防土体滑动措施或结构抗裂措施。

思 考 题

3-1 场地土分为哪几类？它们是如何划分的？

3-2 什么是场地？怎样划分建筑场地的类别？

3-3 简述地基基础抗震验算的原则。

3-4 哪些建筑可不进行天然地基及基础的抗震承载力验算？为什么？

3-5 何谓土的液化？影响地基土液化的主要因素有哪些？

3-6 怎样判断土的液化？简述抗液化措施。

3-7 地段分为哪几类？应按什么原则选择地段？

3-8 何谓场地的卓越周期与设计特征周期？

3-9 为什么地基土抗震承载力设计值高于其静承载力设计值？

第四章 地震作用与结构抗震验算

学 习 要 点

通过对地震作用和截面抗震验算的学习，掌握地震作用、重力荷载代表值的概念和决定地震作用的主要因素；了解单自由度弹性体系的地震反应分析方法和反应谱法的基本原理，能运用反应谱曲线确定地震影响系数；掌握地震系数、动力系数、地震影响系数的概念。重点掌握确定水平地震作用的底部剪力法及其适用范围，并能熟练运用该方法确定地震作用；掌握振型分解反应谱法的原理及用之确定地震作用的方法；了解地震反应分析的时程分析法和强地震作用下结构的非线性静力分析法。掌握结构的自振周期计算的经验公式，并会用之计算简单结构的自振周期；了解建筑结构的扭转地震效应，掌握考虑结构扭转效应地震作用计算方法和竖向地震作用计算方法。掌握地震作用计算的一般规定、薄弱层和楼层屈服强度系数等概念；重点掌握截面抗震验算的公式，准确理解地震作用效应和其他荷载效应基本组合公式；掌握抗震变形验算的原则、范围和公式；学会结构抗震强度验算和抗震变形的验算方法。

第一节 地 震 作 用

一、地震作用的概念

当地震使地面颠晃时，地面产生加速度运动，并强迫房屋产生加速度反应。这时，必然有一个与加速度方向相反的惯性力作用在房屋上。正是这个惯性力使房屋遭到破坏，我们把地震时作用在房屋上的惯性力称为地震作用，习惯上称为地震力。

目前，确定地震作用的方法有静力法、反应谱方法（拟静力法）和时程分析方法（直接动力法）三大类。我国《抗震规范》根据实际建筑的具体情况规定一般情况下采用反应谱法（底部剪力法和振型分解法）计算地震作用。少数情况下需采用时程分析方法进行补充分析。

反应谱方法确定等效地震力是考虑地面加速度的作用和房屋的动力特性，按房屋的最大加速度反应值确定惯性力，并以惯性力作为等效静力荷载进行结构分析。反应谱理论是对单质点体系作弹性地震反应分析，得到单质点 m 的最大速

度反应值 S_a，于是可得惯性力为：

$$F_{Ek} = mS_a = \alpha G \qquad (4-1)$$

这就是反应谱理论计算等效地震作用的基本表达式。式中，F_{Ek} 是地震过程中可能出现的最大水平惯性力；G 是质点重量（$D = mg$）；α 是地震影响系数（$\alpha = S_a / g$），α 与地面加速度、场地土类别、设计地震分组以及结构动力特性有关。

二、单自由度弹性体系的地震反应分析

1. 计算简图

某些工程结构，例如等高单层厂房、水塔（图 4-1a、b）和公路高架桥等，因它们的质量大部分都集中于结构的顶部，故在进行结构的动力计算时，可将该结构中参与振动的所有质量全部折算至屋盖处，而将墙、柱视为一个无重量的弹性杆，这样就把结构简化为一个单质点体系。当该体系只作单向振动时，就形成了一个单自由度体系。

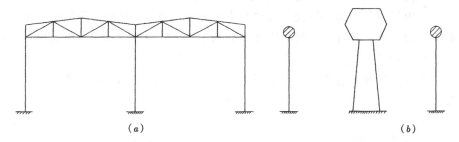

(a) 　　　　　　　　　　　　　　　　　　(b)

图 4-1　单质点弹性体系计算简图

（a）单层厂房简化体系；（b）水塔简化体系

2. 运动方程

为了研究单质点弹性体系的地震反应，首先需要建立体系在地震作用下的运动方程。由于结构的地震作用比较复杂，故在计算弹性体系的地震反应时，一般不考虑地基转动的影响，而把地基的运动分解为两个相互垂直的水平方向和一个竖直方向的分量，然后分别计算这些分量对结构的影响。

图 4-2 表示地震时单质点弹性体系在地面一个水平运动分量作用下的运动状态。其中，$\ddot{x}_g$ 表示地面水平运动加速度，它可由实测的地震加速度记录得到。$x(t)$ 表示质点对于地面的相对位移或相对位移反应，是待求的未知量；$\ddot{x}_g(t) + \ddot{x}(t)$ 是质点的绝对加速度。

为了确定当地面加速度按 $\ddot{x}_g(t)$ 变化时单自由度体系相对位移反应 $x(t)$，我们从图 4-2 中取质点 m 为隔离体，则由结构动力学原理可知，作用在质点 m

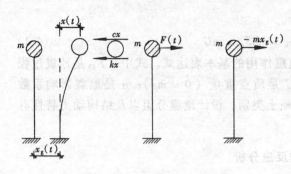

图 4-2　单质点体系的运动状态

上的力有三种：即惯性力、弹性恢复力和阻尼力。

（1）惯性力 I：是质点的质量 m 与绝对加速度的乘积，即：

$$I = - m[\ddot{x}_g(t) + \ddot{x}(t)] \qquad (4-2)$$

式中的负号表示惯性力与绝对加速度的方向相反。

（2）弹性恢复力 S：是使质点从振动位置恢复到平衡位置的一种力，它的大小与质点离开平衡位置的位移成正比，即：

$$S = - kx(t) \qquad (4-3)$$

式中，k 为弹性直杆的刚度系数，即质点发生单位水平位移时在质点处所施加的水平力；负号表示 S 的方向总是与质点位移 $x(t)$ 的方向相反。

（3）阻尼力 D：是一种使结构振动不断衰减的力，即结构在振动过程中，由于材料的内摩擦、构件连接处的摩擦、地基上的内摩擦以及周围介质对振动的阻力等原因，使结构的振动能量受到损耗而导致其振幅逐渐衰减的一种力，称为阻尼力。在工程计算中通常采用粘滞阻尼理论，假定阻尼力的大小与质点的速度成正比，即：

$$D = - c\dot{x}(t) \qquad (4-4)$$

式中，c 为阻尼系数；负号表示阻尼力与速度 $\dot{x}(t)$ 的方向相反。

在地震作用下，质点 m 的绝对加速度为 $\ddot{x}_g(t) + \ddot{x}(t)$，按牛顿第二定律，得到质点运动方程为：

$$- m[\ddot{x}_g(t) + \ddot{x}(t)] - c\dot{x}(t) - kx(t) = 0$$

或
$$m\ddot{x}(t) + c\dot{x}(t) + kx(t) = - m\ddot{x}_g(t) \qquad (4-5)$$

上述方程即为在地震作用下单自由度体系的微分方程，如将式（4-5）与单自由度体系在动荷载 $p(t)$ 作用下的强迫振动微分方程（式 4-6）比较

$$m\ddot{x}(t) + c\dot{x}(t) + kx(t) = p(t) \qquad (4-6)$$

就会发现：地面运动对质点的作用相当于在质点上加一个动荷载 $- m\ddot{x}_g(t)$。

根据动力学原理，式（4-5）还可简化为：

$$\ddot{x}(t)\omega + 2\zeta\omega\dot{x}(t) + \omega^2 x(t) = - \ddot{x}_g(t) \qquad (4-7)$$

式中
$$\omega = \sqrt{k/m} \qquad (4-8)$$

$$\zeta = \frac{c}{2\omega m} = \frac{c}{2\sqrt{km}} \qquad (4-9)$$

由式（4-7）可见，该式是一个二阶常系数非齐次微分方程，其通解由两部分组成，一是齐次解，另一个是特解。

3. 运动方程的解

（1）齐次微分方程的通解——齐次解

对应式（4-7）的齐次方程为：

$$\ddot{x}(t) + 2\zeta\omega\dot{x}(t) + \omega^2 x(t) = 0 \tag{4-10}$$

根据微分方程理论，其通解为：

$$x(t) = e^{-\zeta\omega t}(A\cos\omega't + B\sin\omega't) \tag{4-11}$$

式中，$\omega' = \omega\sqrt{1-\zeta^2}$；$A$ 和 B 为常数，其值可按问题的初始条件确定，当阻尼为零时，即 $\zeta=0$，于是式（4-11）变为：

$$x(t) = A\cos\omega t + B\sin\omega t \tag{4-12}$$

这是无阻尼单质点体系自由振动的通解，表示质点作简谐振动，这里 $\omega = \sqrt{k/m}$ 为无阻尼自振频率。对比式（4-11）和（4-12）可知，有阻尼单质点体系的自由振动为按指数函数衰减的等时振动，其振动频率为 $\omega' = \omega\sqrt{1-\zeta^2}$，故 ω' 称为有阻尼的自振频率。

式（4-12）中，常数 A 和 B 可由运动的初始条件确定。设在初始时刻 $t=0$ 时，初始位移 $x(t)=x(0)$，初始速度 $\dot{x}(t)=\dot{x}(0)$，由此可确定常数 A 和 B：

$$A = x(0), B = \frac{\dot{x}(0) + \zeta\omega x(0)}{\omega'}$$

将所求得的 A、B 代入式（4-11）得：

$$x(t) = e^{-\zeta\omega t}\left[x(0)\cos\omega't + \frac{\dot{x}(0)+\zeta\omega x(0)}{\omega'}\sin\omega't\right] \tag{4-13}$$

上式就是式（4-10）在给定初始条件的解。

由 $\omega' = \omega\sqrt{1-\zeta^2}$ 和 $\zeta = \frac{c}{2m\omega}$ 可以看出，有阻尼自振频率 ω' 随阻尼系数 c 增大而减小，即阻尼愈大，自振频率愈慢。当阻尼系数达到某一数值 c_r 时，也就是当

$$c = c_r = 2m\omega = 2\sqrt{km}$$

即 $\zeta=1$ 时，则 $\omega'=0$，表示结构不再产生振动，这时的阻尼系数 c_r 称为临界阻尼系数。它是由结构的质量 m 和刚度 k 决定的，不同的结构有不同的阻尼系数。据此，

$$\zeta = \frac{c}{2m\omega} = \frac{c}{c_r} \tag{4-14}$$

表示结构的阻尼系数 c 与临界阻尼系数 c_r 的比值，所以 ζ 称为临界阻尼比，简称阻尼比。阻尼比 ζ 值可通过对结构的振动试验确定。

（2）地震作用下运动方程的特解

单自由度弹性体系在水平地震作用下的运动方程为：

$$\ddot{x}(t)\omega + 2\zeta\omega\dot{x}(t) + \omega^2 x(t) = -\ddot{x}_g(t) \tag{4-15}$$

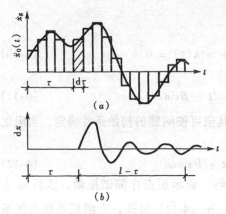

图 4-3　地震作用下的质点位移分析
（a）地面加速度时程曲线；
（b）微分脉冲引起的位移反应

在求式（4-15）解的时候，可将 $-\ddot{x}_g(t)$ 看做是随时间变化的 $m=1$ 的"扰力"，并认为它是由无穷多个连续作用的微分脉冲所组成，如图 4-3（a）所示，并将其化成无数多个连续作用的瞬时荷载，则在 $t=\tau$ 时，其瞬时荷载为 $-\ddot{x}_g(t)$，瞬时冲量为 $-\ddot{x}_g(\tau)d\tau$，如图 4-3（a）中的斜线面积所示。在这一瞬时冲量 $-\ddot{x}_g(\tau)d\tau$ 的作用下，即可求得时间 τ 作用的微分脉冲所产生的位移反应，如图 4-3（b）所示为：

$$d(x) = -e^{-\zeta\omega(t-\tau)}\frac{\ddot{x}_0(\tau)}{\omega'}\sin\omega'(t-\tau)d\tau \tag{4-16}$$

而体系在整个受荷过程中所产生的总位移反应即可由所有瞬时冲量引起的微分位移叠加得到。也就是说，通过对式（4-16）积分即可得到体系的总位移反应 $x(t)$ 为：

$$x(t) = \int_0^t dx(t) = -\frac{1}{\omega'}\int_0^t \ddot{x}_g(\tau)e^{-\zeta\omega(t-\tau)}\sin\omega'(t-\tau)d\tau \tag{4-17}$$

如前所述，一般有阻尼频率 ω' 与无阻尼频率 ω 相差不大，即 $\omega'\approx\omega$，故式（4-17）也可近似地写成：

$$x(t) = -\frac{1}{\omega}\int_0^t \ddot{x}_g(\tau)e^{-\zeta\omega(t-\tau)}\sin\omega(t-\tau)d\tau \tag{4-18}$$

式（4-17）即为杜哈梅（Duhamel）积分，它与式（4-13）之和就是微分方程（4-15）的通解。

由于结构的阻尼作用，自由振动很快就会衰减，式（4-13）的影响通常可以忽略不计。

4. 单自由度弹性体系的水平地震作用及其反应谱

（1）当基础作水平运动时，根据式（4-5）可求得作用于单自由度弹性体系质点上的惯性力 $-m[\ddot{x}_g(t)+\ddot{x}(t)]$ 为：

$$-m[\ddot{x}_g(t)+\ddot{x}(t)] = kx(t) + c\dot{x}(t) \tag{4-19}$$

上式等号右边的阻尼力项 $c\dot{x}(t)$ 相对于弹性恢复力项 $kx(t)$ 来说是一个可以略去

的微量，所以

$$- m[\ddot{x}_g(t) + \ddot{x}(t)] \approx kx(t) \tag{4-20}$$

由此可知，在地震作用下，质点在任一时刻的相对位移 $x(t)$ 与该时刻的瞬时惯性力 $- m[\ddot{x}_g(t) + \ddot{x}(t)]$ 成正比。因此，可以认为这一相对位移是在惯性力的作用下引起的，虽然惯性力并不是真实作用于质点上的力，但惯性力对结构体系的作用和地震对结构体系的作用效果相当，所以可以认为是一种反映地震影响效果的等效力，利用它的最大值来对结构进行抗震验算，就可以使抗震设计这一动力计算问题转化为相当于静力荷载作用下的静力计算问题了。

由式（4-20）确定的质点的绝对加速度为：

$$a(t) = \ddot{x}_g(t) + \ddot{x}(t) = - \frac{k}{m}x(t) = - \omega^2 x(t) \tag{4-21}$$

将地震位移反应 $x(t)$ 的表达式（4-18）代入上式，即得：

$$a(t) = \omega \int_0^t \ddot{x}_g(\tau) e^{-\zeta\omega(t-\tau)} \sin\omega(t-\tau) d\tau \tag{4-22}$$

由于地面运动的加速度 $\ddot{x}_g(t)$ 是随时间 t 而变化的，在结构抗震设计中，并不需要求出每一时刻的地震作用数值，而只需求出水平作用的最大绝对值。设 F 表示结构在地震持续过程中所经受的最大地震作用，则由式（4-22）得：

$$F = m\omega \mid \int_0^t \ddot{x}_g(\tau) e^{-\zeta\omega(t-\tau)} \sin\omega(t-\tau) d\tau \mid_{max} \tag{4-23}$$

或

$$F = mS_a \tag{4-24}$$

这里

$$S_a = \omega \mid \int_0^t \ddot{x}_g(\tau) e^{-\zeta\omega(t-\tau)} \sin\omega(t-\tau) d\tau \mid_{max} \tag{4-25}$$

由此可知，质点的绝对最大加速度 S_a 取决于地震时的地面运动加速度 $\ddot{x}_g(t)$、结构的自振频率 ω（或自振周期 T）以及结构的阻尼比 ζ。然而，由于地面水平运动的加速度 $\ddot{x}_g(t)$ 极不规则，无法用简单的解析式来表达，故在计算 S_a 时，一般都采用数值积分法。

（2）地震反应谱。

根据式（4-25），若给定地震时地面运动的加速度记录 $\ddot{x}_g(\tau)$ 和体系的阻尼比 ζ，则可计算出质点的最大加速度反应 S_a 与体系自振周期 T 的一条关系曲线，并且对于不同的 ζ 值就可得到不同的 S_a-ζ 曲线，这种在给定的地震震动作用期间，单质点弹性体系的最大位移反应、最大速度反应或最大加速度反应随质点自振周期变化的曲线，就是地震反应谱。

式（4-24）是计算水平地震作用的基本公式。为了便于应用，可在式中引入

能反映地面运动强弱的地面运动最大加速度 $|\ddot{x}_g(t)|_{max}$，并将其改写成下列形式：

$$F_{EK} = mS_a = mg\left(\frac{|\ddot{x}_g|_{max}}{g}\right)\left(\frac{S_a}{|\ddot{x}_g|_{max}}\right) = Gk\beta \tag{4-26}$$

式中，$G = mg$ 为重力，而 k 和 β 分别为地震系数和动力系数，它们均具有一定的工程意义。

1）地震系数 k。

地震系数 k 是地面运动最大加速度与重力加速度之比，即

$$k = \frac{|\ddot{x}_g|_{max}}{g} \tag{4-27}$$

k 值只与地震烈度的大小有关。一般情况下，地面加速度愈大，地震烈度愈高，故地震系数与地震烈度之间存在着一定的对应关系。但必须注意，地震烈度的大小不仅取决于地面最大加速度，而且还与地震的持续时间和地震波的频谱特性等有关。

根据统计分析，烈度每增加一度，地震系数 k 值将大致增加一倍。我国《抗震规范》规定的对应于各地震基本烈度的 k 值见表4-1。

地震系数 k 与地震烈度的关系　　　　　　　　　　　　　　表4-1

地震烈度	6度	7度	8度	9度
地震系数 k	0.05	0.10	0.20	0.40

2）动力系数 β。

动力系数是单质点最大绝对加速度与地面最大加速度的比值，即

$$\beta = \frac{S_a}{|\ddot{x}_g|_{max}} \tag{4-28}$$

β 表示由于动力效应，质点的最大绝对加速度比地面最大加速度放大了多少倍。因为当 $|\ddot{x}_g|_{max}$ 增大或减小，S_a 也随着增大或减小，因此 β 值与地震烈度无关，这样就可以利用所有不同烈度的地震记录进行计算和统计。

将 S_a 的表达式（4-25）代入式（4-28）得：

$$\beta = \frac{2\pi}{T}\frac{1}{|\ddot{x}_g|_{max}}\left|\int_0^t \ddot{x}_g(\tau)e^{-\zeta\frac{2\pi}{T}(t-\tau)}\sin\frac{2\pi}{T}(t-\tau)d\tau\right|_{max} \tag{4-29}$$

β 与 T 的关系曲线称为 β 谱曲线，它实际上就是相对于地面最大加速度的加速度反应谱，两者在形状上完全一样。

3）标准反应谱。

由于地震的随机性，即使在同一地点、同一烈度，每次地震的地面加速度记录也很不一致，因此需要依据大量的强震记录算出对应于每一条强震记录的反应

谱曲线，然后统计出最有代表性的平均曲线作为设计依据，这种曲线称为标准反应谱曲线。

根据不同地面运动记录的统计分析可以看出，场地土的特性、震级以及震中距等都对反应谱曲线有比较明显的影响。经过分析，在平均反应谱曲线中，β 的最大值 β_{max}，当阻尼比 $\zeta = 0.05$ 时，平均为 2.25。此峰值在曲线中所对应的为结构自振周期。大致与该结构所在地点场地的自振周期（也称卓越周期）相一致。也就是说，结构的自振周期与场地的自振周期接近时，结构的地震反应最大。这个结论与结构在动荷载作用下的共振现象相类似。因此，在进行结构的抗震设计时，应使结构的自振周期远离场地的卓越周期，以避免发生上述的类共振现象。此外，对于土质松软的场地，β 谱曲线的主要峰点偏于较长的周期，而土质坚硬时则一般偏于较短的周期（图 4-4a）。同时，场地土愈松软，并且该松软土层愈厚时，β 谱的谱值就愈大。

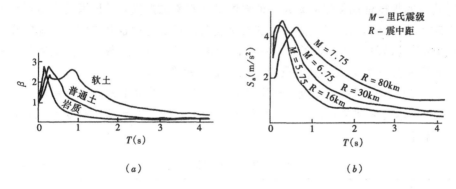

图 4-4 各种因素对反应谱的影响

(a) 场地条件对 β 谱曲线的影响；(b) 同等烈度下震中距对加速度谱曲线的影响

图 4-4 (b) 即为在同等烈度下当震中距不同时的加速度反应谱曲线，从图中可以看出，震级和震中距对 β 值的特性也有一定影响。一般地，当烈度基本相同时，震中距远时加速度反应谱的峰点偏于较长的周期，近时则偏于较短的周期。因此，在离大地震震中较远的地方，高柔结构因其周期较长所受到的地震破坏，将比在同等烈度下较小或中等地震的震中区所受到的破坏更严重，而刚性结构的地震破坏情况则相反。

4）设计反应谱。

为了简化计算，将上述地震系数 k 和动力系数 β 的乘积用 α 表示，称 α 为地震影响系数。

$$\alpha = k\beta = \frac{S_a}{g} \tag{4-30}$$

则式（4-26）可写为：

$$F_{EK} = \alpha G \qquad (4-31)$$

所以,地震影响系数 α 就是单质点弹性体系在地震时最大反应加速度(以重力加速度 g 为单位)。另一方面,若将式(4-31)写成 $\alpha = \dfrac{F_{EK}}{G}$,则可以看出,地震影响系数 α 乃是作用在质点上水平地震力与结构重力荷载代表值之比。

《抗震规范》采用 α 与体系自振周期 T 之间的关系作为设计反应谱,同时也作为抗震设计依据,其数值应根据地震烈度、场地类别、设计地震分组以及结构自振周期和阻尼比确定。

5. 地震作用

地震作用与一般静力荷载不同,它不仅取决于地震烈度、设计地震分组和建筑场地的情况,而且还与建筑结构的动力特性(自振周期、阻尼)有关。

(1)地震烈度

地震的规律是地震烈度愈大,地面的破坏现象愈严重。其原因是当地震烈度愈大时,地面运动的加速度愈大,这时结构的反应加速度也随之增大,地震作用也就愈大。从公式(4-30)可知,在结构的重力荷载一定的条件下,地震烈度愈大,地震系数 k 值亦大,则地震影响系数 α 也就愈大。

表 4-2 给出了《抗震规范》规定的截面抗震验算的水平地震影响系数最大值 α_{max} 与地震烈度之间关系,括号中数值分别用于设计基本地震加速度为 $0.15g$ 和 $0.30g$ 的地区。

水平地震影响系数最大值   表 4-2

地震影响	6 度	7 度	8 度	9 度
多遇地震	0.04	0.08 (0.12)	0.16 (0.24)	0.32
罕遇地震	—	0.50 (0.72)	0.90 (1.20)	1.40

图 4-5 是我国抗震规范给出的 α 值计算公式曲线。曲线分四段:1)直线上升段,周期小于 0.1s 的区段;2)水平段,自 0.1s 至特征周期的区段,应取最大值 α_{max};3)曲线下降段,自特征周期至 5 倍特征周期区段,衰减指数应取 0.9;4)直线下降段,自 5 倍特征周期至 6s 的区段,下降斜率调整系数应取 0.02。

(2)建筑场地与设计特征周期

各类建筑场地都有自己的卓越周期,如果地震波中某个分量的振动周期与场地的卓越周期接近或相等,则地震波中这个分量的振动将被放大而形成类共振现象。如果建筑物的自振周期又和场地的卓越周期相接近,又会引起建筑物与地面的类共振现象,这就形成了双共振现象(即,地震波与地面共振;地面与建筑物共振)。双共振现象是在建筑物的自振周期与建筑场地的卓越周期接近时,地震波中周期与场地卓越周期接近的行波分量被放大二次的现象。

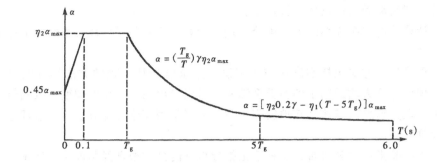

图 4-5 地震影响系数曲线

α—地震影响系数；α_{max}—地震影响系数最大值；η_1—直线下降段的下降斜率调
整系数；γ—衰减指数；T_g—特征周期；η_2——阻尼调整系数；T—结构自振周期

地震时，双共振的存在是引起建筑物严重破坏的重要原因。

在抗震计算中，为了反映建筑场地对地震作用的这种影响，引入场地特征周期这个概念，并用符号 T_g 来表示。《抗震规范》将反映地震震级、震中距和场地类别等因素的下降段起始点对应的周期值定义为设计所用的地震影响系数特征周期（T_g），简称为特征周期。根据其所在地的设计地震分组和场地类别按表 4-3 确定。计算 8、9 度罕遇地震作用时，特征周期应增加 0.05s。

特 征 周 期 值（s） 表 4-3

设计地震分组	场 地 类 别			
	Ⅰ	Ⅱ	Ⅲ	Ⅳ
第一组	0.25	0.35	0.45	0.65
第二组	0.30	0.40	0.55	0.75
第三组	0.35	0.45	0.65	0.90

在抗震设计中，选择适当的场地或改变结构的类型，使结构的自振周期 T_1 远离场地的特征周期 T_g，即比值 T_g/T_1 远远小于 1，则结构遭遇的地震作用将会大大减小。按这个概念进行抗震设计将有利于提高结构抗震性能。按这个概念选择建筑场地或选择结构的类型，就属于抗震概念设计。

（3）结构自振周期

从物体的振动规律可知，在结构的刚度与自振周期之间，存在着一种固定的关系，即结构的刚度愈大，其自振周期愈短；反之，结构的刚度愈小，其自振周期愈长。因此，工程上习惯于用结构的自振周期来反映刚度对地震作用的影响。于是，在计算结构地震作用的公式中，将出现反映结构刚度影响的物理量——结构的自振周期 T_1。

在一般情况下，当结构的质量一定，在遭受相同的地震时，结构的自振周期愈长，则其承受的地震作用将愈小。

计算结构自振周期的方法可分为理论计算、经验公式计算及半经验半理论公式计算三大类。

理论计算方法包括刚度法或柔度法，用求解特征方程的方法得到频率及振型。理论计算方法适用于各种类型结构，可以求出高阶振型的周期及振幅值。在采用振型分解反应谱法计算地震作用时，多半采用理论计算方法，一般都通过程序计算实现。

半经验半理论公式常常是将理论推导得到的公式根据经验简化、修正，得出一些较为实用的公式。例如集中质量法、能量法以及微分方程求解框架-剪力墙结构自振周期的公式等。这些公式计算简便，方法实用，但大多只能求出结构的基本自振周期，一般在底部剪力法中应用。相对于上述理论计算方法，这些方法一般称为近似方法。

无论是相对精确理论计算方法，还是相对近似的半经验半理论方法，都很难得到与实际结构周期完全相符的结果。这是由于使用理论计算或半经验半理论方法时，都要事先确定结构计算简图，确定结构刚度所致。实际结构往往是比较复杂的，计算简图都经过简化，通常填充墙等非结构部件并不计入结构刚度，而且结构的质量分布、材料实际性能、施工质量等都不能很准确地计算。

底部剪力法求等效地震力时，通常采用经验公式计算基本自振周期，下面介绍的一些经验公式或半经验半理论公式，可根据具体情况选择使用。

1) 多层及高层钢筋混凝土框架、框架-剪力墙及剪力墙结构

这类结构当重量和刚度沿高度分布比较均匀且以弯曲变形为主，可按顶点位移法确定周期的计算公式：

$$T_1 = 1.7\alpha_0 \sqrt{\Delta_{\mathrm{T}}} \tag{4-32}$$

式中　Δ_{T}——计算基本周期用的结构顶点假想侧移（即把集中在楼面处的重量 G_i 视为作用在 i 层楼面的假想水平荷载，按弹性刚度计算得到的结构顶点侧移）(m)；

α_0——基本周期的折减系数［考虑非承重砖墙（填充墙）影响，框架取 $\alpha_0 = 0.6 \sim 0.7$，框架剪力墙取 $\alpha_0 = 0.7 \sim 0.8$（当非承重填充墙较少时，可取 $0.8 \sim 0.9$），剪力墙结构取 $\alpha_0 = 1.0$］。

2) 多层及高层钢筋混凝土框架结构

以剪切型变形为主可以采用以能量法为基础得到的基本自振周期计算公式：

$$T_1 = 2\pi\alpha_0 \sqrt{\dfrac{\displaystyle\sum_{i=1}^{N} G_i\Delta_i^2}{g\displaystyle\sum_{i=1}^{N} G_i\Delta_i}} \tag{4-33}$$

式中　　G_i——i 层结构重力荷载；

　　　　Δ_i——把 G_i 视为作用在 i 层楼面的假想水平荷载，按弹性刚度计算得到
　　　　　　的结构第 i 层楼面处的假想侧移；

　　　　g——重力加速度，单位应与 G_i、Δ_i 相一致；

　　　　N——楼层数；

　　　　α_0——基本周期的折减系数，取值同前。

3）高层建筑

①一般范围的高层建筑结构

钢结构　　　　　　　　$T_1 = (0.10 \sim 0.15)n$　　　　　　　　　　　(4-34)

钢筋混凝土结构　　　　$T_1 = (0.05 \sim 0.10)n$　　　　　　　　　　　(4-35)

式中　　n——建筑物层数。

②具体结构

钢筋混凝土框架和框剪结构

$$T_1 = 0.25 + 0.53 \times 10^{-3} \frac{H^2}{\sqrt[3]{B}}　　　　　　(4\text{-}36)$$

钢筋混凝土剪力墙结构

$$T_1 = 0.03 + 0.03 \frac{H}{\sqrt[3]{B}}　　　　　　(4\text{-}37)$$

式中，H、B 为建筑物总高度及总宽度，通常以 m 为单位。

（4）建筑质量

建筑物的质量愈大，质点的质量也愈大，地震时，作用于质点上的惯性力也就愈大，结构遭受的破坏程度就愈严重。特别是房屋的屋盖质量愈大，受到的地震作用愈大。因此，在抗震设计中应尽量减小建筑的质量，减轻房屋的自重，特别要减轻屋盖、楼盖和墙体的质量，例如采用钢结构、轻质混凝土等措施。

三、地震作用的分类

房屋在地震波的作用下既颠簸，又摇晃，这时房屋既受到垂直方向的地震作用，又受到水平方向的地震作用，我们分别称之为竖向地震作用和水平地震作用。

水平方向的地震作用，还可以按垂直和平行房屋纵轴的两个方向，分别称为横向水平地震作用和纵向水平地震作用。

四、动力计算简图

采用集中质量法，使连续的结构离散集中为有限个质点（刚片），从而大大

地简化了计算。

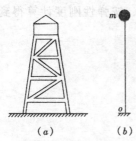

图 4-6　单质点体系
计算简图

（a）水塔；（b）动力计
算简图

1. 计算简图

实际结构在地震作用下颠晃的现象十分复杂。在计算地震作用时，为了将实际问题的主要矛盾突出出来，运用理论公式进行计算设计，需将复杂的建筑结构简化为动力计算简图。

例如，对于图 4-6（a）所示的实际结构——水塔，在确定其动力计算简图时，常常将水箱及其支架的一部分质量集中在顶部，以质点 m 来表示之，而支承水箱的支架则简化为无质量而有弹性的杆件，其高度等于水箱的重心高，其动力计算简图如图 4-6（b）所示。这种动力计算体系称为单质点弹性体系。

对于图 4-7（a）所示的多层砌体房屋或多层框架房屋，在确定其动力计算简图时，常把每层楼盖（或屋盖）上、下各半层的质量以及楼盖（或屋盖）自身的质量集中于各楼层的标高处，以质点 m_1，m_2，$\cdots m_n$ 来表示，而支承结构——墙、柱则简化为无质量的弹性杆件，其质点间的距离即为楼层的层高，其动力计算简图如图 4-7（b）所示。这种动力计算体系称为多质点弹性体系。

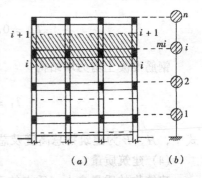

图 4-7　多质点体系计算简图
（a）多层房屋；（b）动力计算简图

一般等高单层厂房计算模型将横向每一排架柱顶标高为一质点；纵向每一柱列柱顶标高为一质点。横向为单竖杆单质点体系，一个自由度；纵向为多竖杆并联多质点体系，自由度等于质点（柱列）数。

2. 重力荷载代表值

（1）计算单元和计算范围

多层砌体房屋、多层内框架砌体房屋、底层框架—抗震墙砌体房屋、多层和高层钢筋混凝土房屋及单层空旷建筑群中的类似房屋、是以楼（屋）盖（包括半地下室顶板）为中心，将本楼盖及上、下各半层或本屋盖及下半层的重力荷载集中到本楼层、屋盖标高处（见图 4-7）。

各种单层厂房及房屋（如仓库、餐厅、观众厅等）根据结构动力学原理，按动力等效原则，将质点上下左右的重力荷载乘以等效系数，集中到质点。

（2）重力荷载代表值

在计算地震作用时，取建筑物的重力荷载代表值 G_E 来反映质量对地震作用的影响。G_E 中出现可变荷载组合值是考虑到地震发生时，结构承受永久荷载不会发生变化，而结构承受的可变荷载为满载的可能性极小，因此，以可变荷载的组合值来表示地震时可变荷载可能出现最大值。

　　计算地震作用时，建筑的重力荷载代表值应取结构和构配件自重标准值和各可变荷载组合值之和。各可变荷载的组合值系数，应按表 4-4 采用。

组 合 值 系 数

表 4-4

可变荷载种类		组合值系数
雪荷载		0.5
屋面积灰荷载		0.5
屋面活荷载		不计入
按实际情况计算的楼面活荷载		1.0
按等效均布荷载计算的楼面活荷载吊车悬吊物重力	藏书库、档案库	0.8
	其他民用建筑	0.5
	硬钩吊车	0.3
	软钩吊车	不计入

　　注：硬钩吊车的吊重较大时，组合值系数应按实际情况采用。

第二节　地震作用的计算方法

一、水平地震作用的底部剪力法

　　对高度不超过 40m、以剪切变形为主且质量和刚度沿高度分布均匀的结构，以及近似于单质点体系的结构，可采用底部剪力法。即结构的总底部剪力可用下式计算：

$$F_{EK} = \alpha_1 G_{eq} \tag{4-38}$$

　　第 i 个楼层处作用的等效地震力（图 4-8）F_i 按下式计算：

$$F_i = \frac{G_i H_i}{\sum\limits_{j=1}^{n} G_j H_j} F_{EK}(1 - \delta_n) \tag{4-39}$$

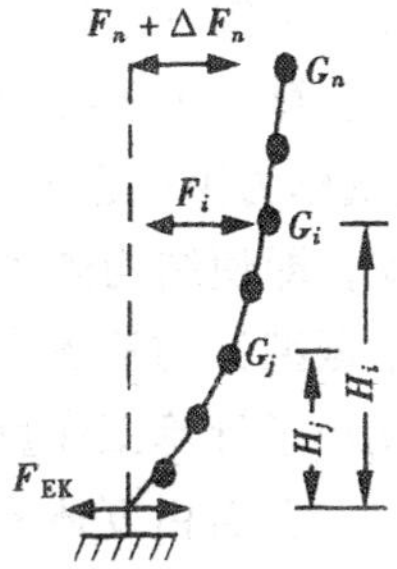

图 4-8　结构水平地震作用计算简图

顶点附加水平力

$$\Delta F_n = \delta_n F_{EK} \tag{4-40}$$

式中 α_1——相应于结构基本周期 T_1 的地震影响系数 α 值，但取值不小于 $0.2\alpha_{max}$；

        T_1——结构基本自振周期；

        δ_n——顶点附加地震作用系数（当 $T_1 \leqslant 1.4 T_g$ 时，$\delta_n = 0$；当 $T_1 > 1.4 T_g$ 时，按表 4-5 选用；多层内框架房屋可采用 0.2，其他房屋可采用 0.0）；

        G_{eq}——结构等效总重力荷载，$G_{eq} = 0.85 G_E$；

        G_E——计算地震作用时总重力荷载，为各层重力荷载代表值的和；

   G_i、G_j——第 i、j 层的重力荷载代表值；

   H_i、H_j——第 i、j 层离地面的高度。

顶部附加地震作用系数   表 4-5

$T_g(s)$	$T_1 > 1.4 T_g$	$T_1 \leqslant 1.4 T_g$
$\leqslant 0.35$	$0.08 T_1 + 0.07$	
$0.35 \sim 0.55$	$0.08 T_1 + 0.01$	0.0
> 0.55	$0.08 T_1 - 0.02$	

注：T_1 为结构基本自振周期。

二、水平地震作用计算的振型分解反应谱方法

多自由度弹性体系的地震反应分析要比单自由度弹性体系复杂得多。而振型分解反应谱法是求解多自由度弹性体系地震反应的基本方法，其基本思路是：假定建筑结构是线弹性的多自由度体系，利用振型分解和振型正交性原理，将求解 n 个自由度弹性体系的地震反应分解为求解 n 个独立的等效单自由度弹性体系的最大地震反应，从而求仅对应于每个振型的作用效应（弯矩、剪力、轴向力和变形）再按一定的法则将每个振型的作用效应组合成总的地震作用效应进行截面抗震验算。由于各个振型在总的地震效应中的贡献总是以自振周期最长的基本振型（或称为第一振型）为最大，高振型的贡献随着振型阶数的增高而迅速减小。因此，即使结构体系有几十个质点，常常也只需考虑前几个振型（一般是前 $3 \sim 5$ 个振型）的地震作用效应进行组合，就可以得到精确度很高的近似值，从而大大减小了计算工作量。

多自由度体系可按振型分解方法得到多个振型。通常，n 层结构可看成 n 个自由度，有 n 个振型，如图 4-9 所示。

1. 振型分解反应谱法

采用振型分解反应谱法时，不进行扭转耦联计算的结构，应按下列规定计算其地震作用和作用效应：

（1）结构 j 振型 i 质点的水平地震作用标准值，应按下列公式确定：

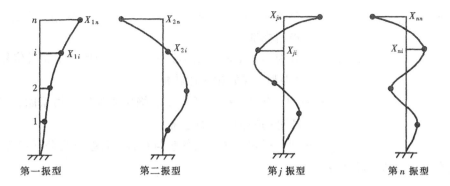

图 4-9 多自由度弹性体系的振型分解

$$F_{ji} = \alpha_j \gamma_j X_{ji} G_i \,(\, i = 1,2,\cdots,n\,;j = 1,2,\cdots m\,) \qquad (4\text{-}41)$$

$$\gamma_j = \sum_{i=1}^{n} X_{ji} G_i / \sum_{i=1}^{n} X_{ji}^2 G_i \qquad (4\text{-}42)$$

式中　F_{ji}——j 振型 i 质点的水平地震作用标准；

　　　α_j——相应于 j 振型自振周期的地震影响系数，应按表 4-1 确定；

　　　X_{ji}——j 振型 i 的质点的水平相对位移；

　　　γ_j——j 振型的参与系数。

这里，G_i 为第 i 层重力荷载，与底部剪力法中 G_i 计算相同。

（2）水平地震作用效应（弯矩、剪力、轴向力和变形）应按下式确定：

$$S_{\mathrm{Ek}} = \sqrt{\sum_{j=1}^{m} S_j^2} \qquad (4\text{-}43)$$

式中　S_{Ek}——水平地震作用标准值的效应；

　　　S_j——j 振型水平地震作用标准值的效应，可只取前 2~3 个振型，当基本自振周期大于 1.5s 或房屋高宽比大于 5 时，振型个数应适当增加；

　　　m——参加组合的振型数。

2. 考虑扭转影响的振型分解法

各楼层可取两个正交的水平位移和一个转角共三个自由度，并应按下列公式计算结构的地震作用和作用效应。确有依据时，尚可采用简化计算方法确定地震作用效应。

（1）j 振型 i 层的水平地震作用标准值，应按下列公式确定

$$F_{xji} = \alpha_j \gamma_{ij} X_{ji} G_i \qquad (4\text{-}44)$$

$$F_{yji} = \alpha_j \gamma_{ij} Y_{ji} G_i \,(\, i = 1,2,\cdots n\,;j = 1,2,\cdots m\,) \qquad (4\text{-}45)$$

$$F_{tji} = \alpha_j \gamma_{ij} r_i^2 \varphi_{ji} G_i \qquad (4\text{-}46)$$

式中 F_{xji}、F_{yji}、F_{tji}——分别为 j 振型 i 层的 x 方向、y 方向和转角方向的地震
作用标准值；

$\qquad\qquad X_{ji}$、Y_{ji}——分别为 j 振型 i 层质心在 x、y 方向的水平相对位移；

$\qquad\qquad \varphi_{ji}$——$j$ 振型 i 层的相对扭转角；

$\qquad\qquad r_i$——i 层转动半径，可取 i 层绕质心的转动惯量除以该层
质量的商的正二次方根；

$\qquad\qquad \gamma_{tj}$——计入扭转的 j 振型的参与系数，可按下列公式确定：

当仅取 x 方向地震作用时

$$\gamma_{tj} = \sum_{i=1}^{n} X_{ji} G_i \Big/ \sum_{i=1}^{n} (X_{ji}^2 + Y_{ji}^2 + \varphi_{ji}^2 r_i^2) G_i \tag{4-47}$$

当仅取 y 方向地震作用时

$$\gamma_{tj} = \sum_{i=1}^{n} Y_{ji} G_i \Big/ \sum_{i=1}^{n} (X_{ji}^2 + Y_{ji}^2 + \varphi_{ji}^2 r_i^2) G_i \tag{4-48}$$

当取与 x 方向斜交的地震作用时

$$\gamma_{tj} = \gamma_{xj} \cos\theta + \gamma_{yj} \sin\theta \tag{4-49}$$

式中 γ_{xj}、γ_{yj}——分别由式（4-47）、（4-48）求得的参与系数；

$\qquad\qquad \theta$——地震作用方向与 x 方向的夹角。

（2）单向水平地震作用的扭转效应，可按下列公式确定：

$$S_{EK} = \sqrt{\sum_{j=1}^{m} \sum_{k=1}^{m} \rho_{jk} S_j S_k} \tag{4-50}$$

$$\rho_{jk} = \frac{8 \zeta_j \zeta_k (1 + \lambda_T) \lambda_T^{1.5}}{(1 - \lambda_T^2)^2 + 4 \zeta_j \zeta_k (1 + \lambda_T)^2 \lambda_T} \tag{4-51}$$

式中 S_{EK}——地震作用标准值的扭转效应；

$\qquad\qquad S_j$、S_k——分别为 j、k 振型地震作用标准值的效应，可取前 $9 \sim 15$ 个振型；

$\qquad\qquad \zeta_j$、ζ_k——分别为 j、k 振型的阻尼比；

$\qquad\qquad \rho_{jk}$——j 振型与 k 振型的耦联系数；

$\qquad\qquad \lambda_T$——k 振型与 j 振型的自振周期比。

（3）双向水平地震作用的扭转效应，可按下列公式中的较大值确定：

$$S_{EK} = \sqrt{S_x^2 + (0.85 S_y)^2} \tag{4-52}$$

或

$$S_{EK} = \sqrt{S_y^2 + (0.85 S_x)^2} \tag{4-53}$$

式中，S_x、S_y 分别为 x 向和 y 向单向水平地震作用按式（4-50）计算的扭转效应。

三、罕遇地震作用下水平地震作用计算

在罕遇地震作用下，也可以用反应谱方法计算等效地震荷载，某些情况下需

要用直接动力法计算地震作用。采用反应谱方法时，计算方法与多遇地震作用时一样，可以用底部剪力反应谱法或振型分解反应谱法，只是反应谱曲线中的 α_{max} 值需采用与罕遇地震相应的地震影响系数，见表4-2。

四、竖向地震作用的计算

1. 高层建筑的竖向地震作用

高层建筑竖向地震作用引起的竖向轴力，可以用下述方法计算：

基底总轴力标准值

$$F_{EvK} = \alpha_{v,max} G_{eq} \tag{4-54}$$

第 i 层等效竖向地震力

$$F_{vi} = \frac{G_i H_i}{\sum\limits_{j=1}^{n} G_j H_j} = F_{EvK} \tag{4-55}$$

第 i 层竖向总轴力

$$N_{vi} = \sum_{j=1}^{n} F_{vj} \tag{4-56}$$

式中　$\alpha_{v,max}$——竖向地震影响系数（取水平地震作用影响系数最大值的0.65倍）；

G_{eq}——结构等效重力荷载（取 $G_{eq} = 0.75 G_E$，G_E 为结构总重力荷载代表值，G_i、H_i 的意义见图4-10）。

在求得第 i 层竖向总轴力后，按各墙、柱所承受的重力荷载值大小，将 N_{vi} 分配到各墙、柱上。竖向地震引起的轴力可能为拉，也可能为压，组合时应按不利的值取用。楼层的竖向地震作用效应可按各构件承受的重力荷载代表值的比例分配，并宜乘以增大系数1.5。

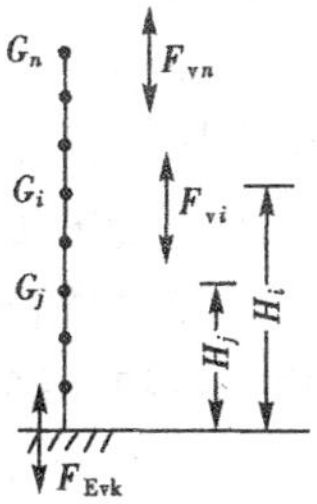

2. 平板型网架层盖和跨度大于24m层架

竖向地震作用标准值宜取其重力荷载代表值和竖向地震作用系数的乘积；竖向地震作用系数可按表4-6采用。括号中数值分别用于设计基本地震加速度为 $0.15g$ 和 $0.30g$ 的地区。

图4-10　结构竖向地震作用计算简图

竖向地震作用系数 　　　　　　　　　　　　　　　　表4-6

结构类型	烈度	场地类别		
		I	II	III、IV
平板型网架	8	可不计算（0.10）	0.08（0.12）	0.10（0.15）
	9	0.15	0.15	0.20
钢筋混凝土屋架	8	0.10（0.15）	0.13（0.19）	0.13（0.19）
	9	0.20	0.25	0.25

3. 长悬臂和其他大跨度结构

竖向地震作用标准值，8度和9度可分别取该结构、构件重力荷载代表值的

10%和20%；设计基本地震加速度为 0.30g 时，可取该结构、构件重力荷载代表值的 15%。

第三节　地震作用的一般规定

地震动（地面运动）的方向，有两个水平、一个竖向、三个扭转共六个分量，故地震作用分为水平地震作用、竖向地震作用和扭转。

一、地震作用的一般规定

各类建筑结构的地震作用计算，应符合下列规定：

（1）一般情况下，应允许在建筑结构的两个主轴方向分别计算水平地震作用并进行抗震验算，各方向的水平地震作用应由该方向抗侧力构件承担。

（2）有斜交抗侧力构件的结构，当相交角度大于 15°时，应分别计算各抗侧力构件方向的水平地震作用。

（3）质量和刚度分布明显不对称的结构，应计入双向水平地震作用下扭转影响；其他情况，应允许采用调整地震作用效应的方法计入扭转影响。

建筑结构考虑水平地震作用扭转影响时，应按下列规定计算其地震作用和作用效应：

①规则结构不进行扭转耦联计算时，平行于地震作用方向的两个边榀，其地震作用效应应乘以增大系数。一般情况下，短边可按 1.15 采用，长边可按 1.05 采用；当扭转刚度较小时，宜按不小于 1.3 采用。

②质量和刚度分布明显不对称的结构，应计入双向水平地震作用下扭转影响，按扭转耦联振型分解法计算。

（4）8、9度时的大跨度和长悬臂结构及 9 度时的高层建筑应计算竖向地震作用。

二、抗震规范所采用的计算方法

我国《抗震规范》规定各类建筑结构的抗震计算，应采用下列方法：

（1）高度不超过 40m、以剪切变形为主且质量和刚度沿高度分布比较均匀的结构，以及近似于单质点体系的结构，可采用底部剪力法等简化方法。

（2）除（1）款外的建筑结构，宜采用振型分解反应谱法。

（3）特别不规则的建筑、甲类建筑和达到规范规定采用时程分析的高度范围内的高层建筑，应采用时程分析法进行多遇地震下的补充计算，可取多条时程曲线计算结果的平均值与振型分解反应谱法计算结果的较大值。

计算结构地震反应的时程分析法（或称直接动力分析法）是将地震加速度记

录或人工加速度波形输入结构基本运动方程并积分求解，以求得整个时间历程内结构地震反应的方法。运动方程可采用时域分析或频域分析方法求解。对运动方程直接积分，从而获得计算系统各质点的位移 $x_j(t)$、速度 $\dot{x}_j(t)$、加速度 $\ddot{x}_j(t)$ 和结构构件地震剪力 $V_j(t)$ 的时程变化曲线。所以，这种分析方法能更准确而完整地反映结构在强烈地震下反应的全过程状况。可以认为，它是改善结构抗震能力、提高抗震设计水平的一项重要措施。

第四节　结构的抗震验算

一、验算的原则与方法

根据《建筑结构可靠度设计统一标准》（GB 50068—2001）（以下简称《统一标准》）的规定，建筑结构应采用极限状态设计方法进行抗震设计。鉴于结构的抗震计算一般是在设计方案基本确定之后进行的，具有对结构进行验算的作用，因而，习惯上称结构抗震计算为结构抗震验算。

在进行建筑结构抗震设计的具体方法上，《抗震规范》采用了两阶段设计法。

1. 第一阶段设计——承载力与弹性变形验算

为满足第一水准抗震设防目标"小震不坏"的要求，按小震作用效应与其他荷载作用效应的基本组合，验算构件截面的抗震承载力，以及在小震作用下验算结构的弹性变形。用以满足在第一水准下具有必要的承载力可靠度和满足第二水准的损坏可修的目标。

（1）承载力验算原则

1）6 度时的建筑（建筑于Ⅳ类场地上较高的高层建筑除外），以及生土房屋和木结构房屋等，应允许不进行截面抗震验算，但应符合有关的抗震措施要求。

2）6 度时建造于Ⅳ类场地上较高的高层建筑，7 度和 7 度以上的建筑结构（生土房屋和木结构房屋等除外），应进行多遇地震作用下的截面抗震验算。

3）采用隔震设计的建筑结构，其抗震验算应符合有关规定。

（2）多遇地震作用下结构的弹性变形验算原则

对各类钢筋混凝土结构和钢结构，诸如，钢筋混凝土框架、钢筋混凝土框架—抗震墙、板柱—抗震墙、框架—核心筒、钢筋混凝土抗震墙、钢筋混凝土框支层和多高层钢结构。抗震规范要求进行多遇地震作用下的弹性变形验算，实现第一水准下的设计要求。且大多数的结构，可只进行第一阶段设计，而通过概念设计和抗震构造措施来满足第二水准的设计要求。

2. 第二阶段设计——弹塑性变形验算原则

对特殊要求的建筑、地震时易倒塌的结构以及有明显薄弱层的不规则结构，除进行第一阶段设计外，还要进行结构薄弱部位的弹塑性层间变形验算并采取相应的抗震构造措施，实现第三水准的设防要求。以满足"大震不倒"的抗震设防目标要求。

震害经验表明，如果建筑结构中存在薄弱层或薄弱部位，在强烈地震作用下，由于结构薄弱部位产生了弹塑性变形，结构构件会严重破坏甚至引起结构倒塌；特别是乙类建筑的生命线工程中的关键部位在强烈地震作用下一旦遭受破坏将带来严重后果，或产生次生灾害，或对救灾、恢复重建及生产、生活造成很大影响。因此，抗震规范要求进行弹塑性变形验算，但考虑到弹塑性变形计算的复杂性和缺乏实用计算软件，对不同的建筑结构提出不同的要求。

（1）应进行弹塑性变形验算的房屋范围：

1）8 度Ⅲ、Ⅳ类场地和 9 度时高大的单层钢筋混凝土柱厂房的横向排架；

2）7~9 度时楼层屈服强度系数小于 0.5 的钢筋混凝土框架结构；

3）高度大于 150m 的钢结构；

4）甲类建筑和 9 度时乙类建筑中的钢筋混凝土结构和钢结构；

5）采用隔震和消能减震设计的结构。

（2）下列结构宜进行弹塑性变形验算：

1）属于抗震规范规定的所列竖向不规则类型的高层建筑结构；

2）7 度Ⅲ、Ⅳ类场地和 8 度时乙类建筑中的钢筋混凝土结构和钢结构；

3）板柱—抗震墙结构和底部框架砖房；

4）高度不大于 150m 的高层钢结构。

（3）结构在罕遇地震作用下薄弱层（部位）弹塑性变形计算，可采用下列方法：

1）不超过 12 层且层刚度无突变的钢筋混凝土框架结构单层钢筋混凝土柱厂房可采用《抗震规范》给出的简化计算法计算；

2）除第 1）款以外的建筑结构，可采用静力弹塑性分析方法或弹塑性时程分析法等；

3）规则结构可采用弯剪层模型或平面杆系模型，属于《抗震规范》规定的不规则结构应采用空间结构模型。

二、地震作用下的作用效应组合

1. 承载能力状态的地震基本组合

结构构件的地震作用效应和其他荷载效应的基本组合为：

$$S = \gamma_G S_{GE} + \gamma_{Eh} S_{Ehk} + \gamma_{Ev} S_{Evk} + \psi_w \gamma_w S_{wk} \tag{4-57}$$

式中 S——结构构件内力组合的设计值，包括组合的弯矩、轴向力和剪力设计值；

γ_G——重力荷载分项系数，一般情况应取 1.2，当重力荷载效应对构件承
载能力有利时，不应大于 1.0；

γ_{Eh}、γ_{Ev}——分别为水平、竖向地震作用分项系数，应按表4-7采用；

γ_w——风荷载分项系数，应采用 1.4；

S_{GE}——重力荷载代表值的效应，有吊车时，尚应包括悬吊物重力标准值的
效应；

S_{Ehk}——水平地震作用标准值的效应，尚应乘以相应的增大系数或调整系
数；

S_{Evk}——竖向地震作用标准值的效应，尚应乘以相应的增大系数或调整系
数；

S_{wk}——风荷载标准值的效应；

ψ_w——风荷载组合值系数，一般结构取 0.0，风荷载起控制作用的高层建
筑应采用 0.2。

值得注意的问题：

（1）抗震组合中分项系数的确定

在众值烈度下，地震作用应视为可变作用而不是偶然作用。这样，根据《统
一标准》中确定直接作用（荷载）分项系数的方法，通过综合比较，对水平地震
作用，确定 $\gamma_{Eh} = 1.2$，至于竖向与水平地震作用同时考虑时，根据加速度峰值记
录和反应谱的分析，二者的组合比为 1:0.4，故此时 $\gamma_{Eh} = 1.3$，$\gamma_{EV} = 0.4 \times 1.3 \approx$
0.5。

此外，按照《统一标准》的规定，重力荷载分项系数，一般情况应采用
1.2，当重力荷载对结构构件承载力有利时，取 $\gamma_G = 1.0$。

地震作用分项系数　　　　　　　表 4-7

地　震　作　用	γ_{Eh}	γ_{Ev}
仅计算水平地震作用	1.3	0.0
仅计算竖向地震作用	0.0	1.3
同时计算水平与竖向地震作用	1.3	0.5

（2）抗震验算中作用组合值系数的确定

在计算地震作用时，已经考虑了地震作用与各种重力荷载（恒荷载与活荷
载、雪荷载等）的组合问题，形成了抗震设计的重力荷载代表值。因此，组合中
仅出现风荷载的组合值系数，并按《统一标准》的方法，将 1978 年的《抗震规
范》的取值予以转换得到。这里，所谓风荷载起控制作用，指风荷载和地震作用
产生的总剪力和倾覆力矩相当的情况。

2. 多遇地震作用下作用的短期组合

$$S_S = S_{GE} + S_{Ehk} + S_{Evk} + \psi_w S_{wk} \tag{4-58}$$

上式为式（4-57）中各作用分项系数均采用 1.0，相当于地震作用的标准值组合。

3. 罕遇地震作用下作用的短期组合

$$S_S = S_{GE} + S_{Ehk} + S_{Evk} \tag{4-59}$$

计算时，取罕遇地震时的地震影响系数。

三、结构构件的截面抗震验算

1. 设计表达式

为了保证建筑结构可靠性，结构按极限状态设计法进行抗震设计时必须满足的原则要求是：结构的地震作用效应不大于结构的抗力，应采用下列设计表达式：

$$S \leqslant R / \gamma_{RE} \tag{4-60}$$

式中　γ_{RE}——承载力抗震调整系数，除另有规定外，应按表 4-8 采用；

　　　R——结构构件承载力设计值；

　　　S——结构构件内力组合的设计值。

结构的地震作用效应是指地震时，由地震作用和其他荷载作用在结构中产生的效应，包括地震在结构中引起的内力、变形和位移等，故称这些效应为结构的地震作用效应。

作用效应组合是建立在弹性分析叠加原理基础上的。考虑到抗震计算模型的简化和塑性内力分布与弹性内力分布的差异等因素，对地震作用效应，尚应按规范的有关规定乘以相应的效应调整系数 η，如突出屋面的小建筑、天窗架、高低跨厂房交接处的柱子、框架柱，底层框架-抗震墙结构的柱子、梁端和抗震墙底部加强部位的剪力增大系数。

2. 承载力设计值的计算

结构的抗力是结构抵抗地震破坏的能力。结构这种自身性能决定的抗力与构成结构的材料性能、结构构件的几何参数有关。材料性能是指材料的强度、变形模量等物理力学性能。结构构件的几何参数是指其尺寸大小、几何形状的量化数值等。抗震设计中承载能力可参考相关结构设计规范按下述原则计算：

（1）砌体、钢、木结构的构件和连接分别按有关现行规范中非抗震设计承载力公式计算。

（2）钢筋混凝土结构的构件和连接按《混凝土结构设计规范》（GB 50010—2002）规范非抗震设计承载力公式计算，其中受剪按非抗震设计承载力乘以 0.8 计算。

3. 承载力抗震调整系数

根据地震作用的特点、抗震设计的现状，以及抗震重要性分类与《统一标准》中安全等级的差异，重要性系数对抗震设计的实际意义不大，对建筑重要性的处理采用抗震措施的改变来实现，不考虑此项系数。但在确定地震作用分项系数的同时，确定了与抗力标准值 R_k 相应的最优抗力分项系数，并进一步转换为抗震的抗力函数（即抗震承载力设计值 R_{dE}），使抗力分项系数取 1.0 或不出现。现阶段大部分结构构件截面抗震验算时，采用了各有关规范的承载力设计值 R_d，因此，抗震设计的抗力分项系数，就相应地变为承载力设计值的抗震调整系数 $\gamma_{RE} = R_d / R_{dE}$。设计时，按表 4-8 取值。

当仅计算竖向地震作用时，各类结构构件承载力抗震调整系数宜采用 1.0。

承载力抗震调整系数　　　　　表 4-8

材　料	结　构　构　件	受　力　状　态	γ_{RE}
钢	柱，梁 支撑 节点板件、连接螺栓 连接焊缝		0.75 0.80 0.85 0.90
砌体	两端均有构造柱、芯柱的抗震墙 其他抗震墙	受剪 受剪	0.9 1.0
混凝土	梁 轴压比小于 0.15 的柱 轴压比不小于 0.15 的柱 抗震墙 各类构件	受弯 偏压 偏压 偏压 受剪、偏拉	0.75 0.75 0.80 0.85 0.85

四、抗震变形的验算

抗震变形验算根据抗震设防三个水准的要求，采用二阶段设计方法来实现，即：在多遇地震作用下，建筑主体结构不受损坏，非结构构件（包括围护墙、隔墙、幕墙、内外装修等）没有过重破坏并导致人员伤亡，保证建筑的正常使用功能；在罕遇地震作用下，建筑主体结构遭受破坏或严重破坏但不倒塌。根据各国规范的规定以及震害经验和实验研究结果及工程实例分析，当前采用层间位移角作为衡量结构变形能力，从而判别是否满足建筑功能要求的指标是合理的。

1. 多遇地震作用下的弹性层间位移验算

对各类钢筋混凝土结构和钢结构，抗震规范要求进行多遇地震作用下的弹性变形验算，实现第一水准下的设防要求。

（1）层间弹性位移验算表达式

楼层内最大的弹性层间位移应符合下式要求：

$$\Delta u_e \leqslant [\theta_e] h \tag{4-61}$$

式中　Δu_e——多遇地震作用标准值产生的楼层内最大的弹性层间位移；

$[\theta_e]$——弹性层间位移角限值，宜按表 4-9 采用；

h——计算楼层层高。

(2) 弹性位移的计算

弹性变形验算属于正常使用极限状态的验算，采用多遇地震作用标准值计算楼层内最大的弹性层间位移，即各作用分项系数均取 1.0，采用多遇地震短期荷载效应组合。钢筋混凝土结构构件的刚度，一般可取弹性刚度；当计算的变形较大时，宜适当考虑截面开裂的刚度折减，如取 $0.85E_cI_0$。计算时，一般不扣除由于结构平面不对称引起的扭转效应和重力 $P\text{-}\Delta$ 效应所产生的水平相对位移；高度超过 150m 或 $H/B>6$ 的高层建筑，可以扣除结构整体弯曲所产生的楼层水平绝对位移值，因为以弯曲变形为主的高层建筑结构，这部分位移在计算的层间位移中占有相当的比例，加以扣除比较合理。如未扣除时，位移角限值可有所放宽。

(3) 弹性层间位移角限值

弹性层间位移角限值范围，主要依据国内外大量的试验研究和有限元分析的结果，以钢筋混凝土构件（框架柱、抗震墙等）开裂时的层间位移角作为多遇地震下结构弹性层间位移角限值，见表 4-9。

弹性层间位移角限值　　　　　　　　　　　　　　表 4-9

结 构 类 型	$[\theta_e]$
钢筋混凝土框架	1/550
钢筋混凝土框架-抗震墙、板柱-抗震墙、框架-核心筒	1/800
钢筋混凝土抗震墙、筒中筒	1/1000
钢筋混凝土框支层	1/1000
多、高层钢结构	1/300

2. 结构在罕遇地震作用下薄弱层的弹塑性变形验算的简化方法

根据抗震设防三个水准的要求，在罕遇地震作用下，建筑主体结构遭受破坏或严重破坏但不倒塌，《抗震规范》要求进行弹塑性变形验算，来保证"大震不倒"。但考虑到弹塑性变形计算的复杂性和缺乏实用计算软件，对不同的建筑结构提出不同的要求。对不超过 12 层且层刚度无突变的钢筋混凝土框架结构、单层钢筋混凝土柱厂房可采用《抗震规范》给出的简化计算法计算。

(1) 楼层屈服强度系数

楼层屈服强度系数为按构件实际配筋和材料强度标准值计算的楼层受剪承载力和按罕遇地震作用标准值计算的楼层弹性地震剪力的比值；对排架柱，指按实际配筋面积、材料强度标准值和轴向力计算的正截面受弯承载力与按罕遇地震作用标准值计算的弹性地震弯矩的比值。

计算结构楼层或构件的屈服强度系数时，实际承载力应取截面的实际配筋和材料强度标准值计算，钢筋混凝土梁、柱的正截面受弯实际承载力公式如下：

梁：
$$M_{byk}^a = f_{yk}A_{sb}^a(h_{b0} - a_s')　　　　　　(4\text{-}62)$$

柱：轴向力满足 $N_G/(f_{ck}b_ch_c) \leqslant 0.5$ 时，

$$M_{cyk}^a = f_{yk}A_{sc}^a(h_0 - a'_s) + 0.5N_Gh_c(1 - N_G/f_{ck}b_ch_c) \qquad (4\text{-}63)$$

式中，N_G 为对应于重力荷载代表值的柱轴压力（分项系数取 1.0），上角标 a 表示"实际的"。

（2）结构的薄弱层及其选定

钢筋混凝土框架结构及高大单层钢筋混凝土柱、厂房等结构，在大地震中往往受到严重破坏甚至倒塌。实际震害分析及实验研究表明，除了这些结构的刚度相对较小而变形较大外，更主要的是存在承载力验算所没有发现的薄弱部位——其承载力本身虽满足设计地震作用下抗震承载力的要求，但该层却比相邻层要弱得多。对于单层厂房，这种破坏多发生在 8 度Ⅲ、Ⅳ类场地和 9 度区，破坏部位是上柱，因为上柱的承载力一般相对较小且其下端的支承条件不如下柱。对于底部框架——抗震墙结构，底部是明显的薄弱部位。《抗震规范》中结构薄弱层（部位）的位置可按下列情况确定：

①楼层屈服强度系数沿高度分布均匀的结构，可取底层；

②楼层屈服强度系数沿高度分布不均匀的结构，可取该系数最小的楼层（部位）和相对较小的楼层，一般不超过 2~3 处；

③单层厂房，可取上柱。

（3）层间弹塑性位移的计算

目前各国规范的变形估计公式有三种：一是按假想的完全弹性体计算；二是将额定的地震作用下的弹性变形乘以放大系数，即 $\Delta u_p = \eta_p \Delta u_e$；三是按时程分析法等专门程序计算。

我国《抗震规范》中规定弹塑性层间位移可按下列公式计算：

$$\Delta u_p = \eta_p \Delta u_e \qquad (4\text{-}64)$$

或

$$\Delta u_p = \mu \Delta u_y = \frac{\eta_p}{\xi_y}\Delta u_y \qquad (4\text{-}65)$$

式中　Δu_p——弹塑性层间位移；

Δu_y——层间屈服位移；

μ——楼层延性系数；

Δu_e——罕遇地震作用下按弹性分析的层间位移；

η_p——弹塑性层间位移增大系数，当薄弱层（部位）的屈服强度系数不小于相邻层（部位）该系数平均值 0.8 时，可按表 4-10 采用。当不大于该平均值的 0.5 时，可按表内相应数值的 1.5 倍采用；其他情况采用内插法取值；

ξ_y——楼层屈服强度系数。

弹塑性层间位移增大系数   表 4-10

结构类型	总层数 n 或部位	ξ_y		
		0.5	0.4	0.3
多层均匀 框架结构	2 ~ 4	1.30	1.40	1.60
	5 ~ 7	1.50	1.65	1.80
	8 ~ 12	1.80	2.00	2.20
单层厂房	上柱	1.30	1.60	2.00

(4) 弹塑性层间位移角限值

在罕遇地震作用下，结构要进入弹塑性变形状态。根据震害经验、试验研究和计算分析结果，提出以构件（梁、柱、墙）和节点达到极限变形时的层间极限位移角作为罕遇地震作用下结构弹塑性层间位移角限值的依据。

国内外许多研究结果表明，不同结构类型的不同结构构件的弹塑性变形能力是不同的，钢筋混凝土结构的弹塑性变形主要由构件关键受力区的弯曲变形、剪切变形和节点区受拉钢筋的滑移变形等三部分非线性变形组成。影响结构层间极限位移角的因素很多，包括：梁柱的相对强弱关系、配箍率、轴压比、剪跨比、混凝土强度等级、配筋率等，其中轴压比和配箍率是最主要的因素。根据国内外理论分析和实际研究，《抗震规范》给出的弹塑性层间位移角限值见表 4-11。

弹塑性层间位移角限值   表 4-11

结 构 类 型	$[\theta_p]$
单层钢筋混凝土柱排架	1/30
钢筋混凝土框架	1/50
底部框架砖房中的框架-抗震墙	1/100
钢筋混凝土框架-抗震墙、板柱-抗震墙、框架-核心筒	1/100
钢筋混凝土抗震墙、筒中筒	1/120
多、高层钢结构	1/50

(5) 结构薄弱层（部位）弹塑性层间位移的验算表达式

$$\Delta u_p \leqslant [\theta_p]h \tag{4-66}$$

式中 $[\theta_p]$——弹塑性层间位移角限值，可按表 4-11 采用；对钢筋混凝土框架结构，当轴压比小于 0.40 时，可提高 10%；当柱子全高的箍筋构造比《抗震规范》规定的最小配箍特征值大 30% 时，可提高 20%，但累计不超过 25%；

        h——薄弱层楼层高度或单层厂房上柱高度。

五、结构弹塑性变形计算方法

建筑物的体型和抗侧力系统复杂时，将在结构的薄弱部位发生应力集中和弹塑性变形集中，严重时会导致重大的破坏甚至有倒塌的危险。因此《建筑抗震设计规范》提出了检验结构抗震薄弱部位采用弹塑性（即非线性）分析方法的要求。

震害分析表明，如果建筑结构中存在薄弱层或薄弱部位，在强烈地震作用下，由于结构薄弱部位产生了弹塑性变形，结构构件严重破坏甚至引起结构倒塌；属于乙类建筑的生命线工程中的关键部位，在强烈地震作用下一旦遭受破坏将带来严重后果，或产生次生灾害或对救灾、恢复重建及生产、生活造成很大影响。因此，要求进行抗震变形验算。但考虑到弹塑性变形计算的复杂性和缺乏实用计算软件，对不同的建筑结构提出不同的要求。

对建筑结构在罕遇地震作用下薄弱层（部位）弹塑性变形计算，12 层以下且层刚度无突变的框架结构及单层钢筋混凝土柱厂房可采用规范给出的简化方法计算；较为精确的结构弹塑性分析方法，可以是三维的静力弹塑性（如 push-over 方法）或弹塑性时程分析方法，有时尚可采用塑性内力重分布的分析方法等。本节简单介绍动力的非线性分析（弹塑性时程分析）和静力的非线性分析（推覆分析）。

1. 动力非线性分析

所谓动力非线性分析法，又称直接动力法、时程分析法，是根据选定的地震波和结构恢复力特性曲线，对动力方程进行直接积分，采用逐步积分的方法对结构在地震作用下从静止到最大振动状态，以至达到最终状态的全过程分析，可以得出地震过程中每一瞬时结构的位移、速度和加速度反应等参数，从而可以观察到结构在地震作用下的弹性和非弹性阶段的内力变化，以及构件逐步开裂、损坏直至结构完全倒塌的全过程。

采用时程分析法时，应按建筑场地类别和设计地震分组选用不少于两组的实际强震记录和一组人工模拟的加速度时程曲线，其平均地震影响系数曲线应与振型分解反应谱法所采用的地震影响系数曲线在统计意义上相符，其加速度时程的最大值可按表 4-12 采用。弹性时程分析时，每条时程曲线计算所得结构底部剪力不应小于振型分解反应谱法计算结果的 65%，多条时程曲线计算所得结构底部剪力的平均值不应小于振型分解反应谱法计算结果的 80%。

时程分析所用地震加速度时程曲线的最大值（cm/s^2）　　　表 4-12

地震影响	6 度	7 度	8 度	9 度
多遇地震	18	35 (55)	70 (110)	140
罕遇地震	—	220 (310)	400 (510)	620

注：括号内数值分别用于设计基本地震加速度为 $0.15g$ 和 $0.30g$ 的地区。

时程分析法进行结构的抗震设计可以达到以下的目的：

（1）通过时程反应分析发现结构的薄弱环节，以便事先予以加强。结构在动力反应中会暴露出许多问题，这些问题采用静力分析方法往往是难以发现的。例如，某些刚度突变的楼层或顶部楼层，动力分析的结果会显示变形集中的现象，由于很大的层间变形将会使建筑物在该层严重破坏，了解了这个问题就可以采取有效措施减少变形集中的程度或采用提高延性的构造措施。

（2）能更合理地使用材料。在地震过程中反应剧烈、影响较大的部位予以加强；反应不大、影响较小的部位构件的截面尺寸就可以适当调整。

（3）可以较确切地估计地震过程中结构发生震害的形态和部位，及时采取补救措施。

（4）可以用时程分析法作为其他简化设计方法比较的标准。

时程分析法的具体步骤：

（1）选择地震波（直接利用强震记录的方法和采用模拟地震波）

（2）给出恢复力与变形之间的关系曲线。这种曲线一般是对结构或构件进行反复循环加载试验得来的。它的形状取决于结构或构件的材料性能以及受力状态等，可以表示为构件的弯矩和转角、弯矩和曲率、荷载与位移、应力与应变等的对等关系。对钢筋混凝土结构构件，常用双线型和退化三线型模型。

（3）确定结构的计算模型，以便确立结构的层间刚度。结构的计算模型一般根据结构形式及构造特点、分析精度要求、计算机容量等情况确定。

对于多层房屋结构，最简单而且目前应用最广的计算模型是层间剪切模型。这种模型将房屋的质量集中于各楼层，在振动过程中各楼层始终保持水平，结构的变形表现为层间的错动。对于以剪切变形为主的结构都可以采用这种模型。

较为精确的计算模型是杆系模型，这种模型以杆件作为基本计算单元，将质量集中于框架的各个节点。这种模型比较适用于强柱弱梁的框架结构，它可以求出地震过程中各杆逐渐开裂并进入塑性阶段的过程及其对整个结构的影响。但计算比较繁，对于高层多跨框架，这种模型还常受到计算机容量的限制。

（4）地震反应的数值计算。

采用逐步积分法求微分方程的解。逐步积分的方法很多，常用的有线性加速度法、威尔逊（Wilson）θ法、纽马克（Newmark）β法等。逐步积分法的计算工作量大，只能由计算机来完成。

中国建筑科学研究院工程抗震研究所已编制了适用于微机的时程分析程序，时程分析法抗震设计地震波选用程序（EQSS）、大震下多高层等效剪切型结构弹塑性时程分析计算程序（EPAI）和平面结构时程分析法弹塑性地震反应分析程序（PEEP）等。可计算平面桁架、框架、剪力墙等几种常见结构形式及任意组合而成的结构，在水平和竖向地震地面运动作用下的弹性和弹塑性动力反应。特别适用于一些不能简化为层间模型的结构、高宽比较大的结构、高耸结构、大跨度结构、长悬臂结构等。

2. 静力的非线性分析（推覆分析）

非线性静力分析方法（Nonlinear Static Procedure），亦称推覆分析法（Push Over Analysis）。该法是沿结构高度施加按一定形式分布的模拟地震作用的等效侧力，并从小到大逐步增加侧力的强度，使结构由弹性工作状态逐步进入弹塑性工作状态，最终达到并超过规定的弹塑性位移。

静力的非线性分析法可以估计结构构件的内力和变形，观察其全过程的变化，判别结构和构件的破坏状态，比一般线性抗震分析提供更为有用的设计信息。比动力非线性分析节省计算工作量，但也有一定的使用局限性和适用性，对计算结果需要工程经验判断。

目前国内外采用的静力的非线性分析法都是首先建立力-位移曲线，但在评价结构的抗震能力上各取不同的方法。

FEMA273采用"目标位移法（Target Displacement Method）"，用一组修正系数，修正结构在"有效刚度"时的位移值，以估计结构非线性非弹性位移。

ATC-40采用"承载力谱法（Capacity Spectrums Method）"，先建立5%阻尼的线性弹性反应谱，在用能量耗散效应降低反应谱值，并以此来估计结构的非弹性位移。

这些方法都是以弹性反应谱为基础，将结构化成等效单自由度体系，因此，它主要反映结构第一周期的性质，当高振型为主时，如高层建筑和具有局部薄弱部位的建筑，采用非线性静力分析法要受限制。

动力非线性分析，即弹塑性时程分析，是较为严格的分析方法，需要较好的计算机软件和很好的工程经验判断才能得到有用的结果，是难度较大的一种方法。因此，按《建筑抗震设计规范》的有关规定进行罕遇地震作用下的弹塑性变形分析时，可根据规范要求和结构特点采用静力非线性（弹塑性）分析或非线性（弹塑性）时程分析方法。

当规范有具体规定时，尚可采用规范规定的简化方法计算结构的弹塑性变形。

思　考　题

4-1　什么是地震作用？地震作用与哪些因素有关？

4-2　什么是建筑的重力荷载代表值？

4-3　什么是地震系数？什么是动力放大系数？

4-4　什么是地震影响系数最大值？怎样确定多遇地震烈度和罕遇地震烈度时的地震影响系数最大值？

4-5　什么是加速度反应谱曲线？影响 α-T 曲线形状的因素有哪些？质点的水平地震作用与哪些因素有关？

4-6　简述确定结构地震作用的底部剪力法和振型分解反应谱法的基本原理和步骤。

4-7　简述时程分析法的基本原理。

4-8　如何进行结构截面抗震承载力验算？如何进行结构的抗震变形验算？

4-9　什么是楼层屈服强度系数？如何判断结构薄弱层和部位？

4-10　哪些结构需要考虑竖向地震作用？如何计算竖向地震作用值？

第五章　房屋结构抗震设计

学 习 要 点

通过对多层砌体房屋、底部框架、内框架房屋、多层钢筋混凝土框架结构房屋、多层钢结构房屋、单层工业厂房和单层空旷房屋抗震设计的学习，掌握我国现行抗震规范对各类房屋的抗震设计提出的明确的规定和要求；重点掌握多层砌体房屋的抗震计算简图、水平地震作用、层间地震剪力的确定、层间地震剪力分配的原则以及对各类构件进行的抗震承载力验算的方法；重点掌握多层钢筋混凝土框架结构房屋的计算简图、水平地震作用、层间地震剪力的确定方法、框架结构的内力计算的方法、框架结构的内力调整与内力组合原则以及对各类构件进行的抗震承载力验算的方法及相应的构造要求；学会多层砌体结构和钢筋混凝土框架结构抗震设计方法。掌握单层厂房的抗震措施、单层厂房的计算原则、结构自振周期、结构地震作用的计算方法；掌握单层空旷房屋和多层钢结构房屋抗震计算要点及相应的抗震构造措施。

第一节　多层砌体房屋和底部框架、内框架房屋

多层砌体房屋是指以砌体墙为竖向承重构件的房屋；底部框架房屋是指底部一层或两层为框架或框架—抗震墙结构，其余各层为砌体结构的多层房屋；内框架房屋则是指周边以砌体墙承重，内部以钢筋混凝土框架承重的多层房屋。本节介绍这些房屋的抗震基本知识，包括震害分析、抗震措施、抗震计算等。同时，为了叙述问题的方便，统一地称它们为多层混合结构房屋。

一、震害分析

1. 概述

多层混合结构是我国房屋建筑中应用最为普遍的一类结构形式，它们被广泛地应用于住宅、办公楼、学校、医院、商店、工业厂房等建筑中。

未经抗震设防的多层混合结构房屋，在高烈度区的地震震害比较严重，其破坏、倒塌率比较高。10、11度时房屋倒塌率可达80%～100%，9度时房屋的破坏或局部倒塌率在33%左右。以砖石结构为例，1906年美国旧金山地震，砖石房屋的破坏十分严重，典型砖结构的市府大楼全部倒塌，震后一片废墟；1923

年日本关东大地震，东京有 7000 栋砖房几乎全部遭到破坏，震后仅有 1000 栋平房能修复使用；1948 年，前苏联阿什哈巴地震，砖石房屋的破坏率为 70% ~ 80%；1976 年我国唐山地震中，地处 10 ~ 11 度区域的砖房倒塌率约为 63.2%，严重破坏率为 23.6%。由此看出，多层混合结构房屋的抗震性能是比较差的。

然而，多层混合结构房屋的震害并非在所有情况下都很严重。当地震烈度不高时，这类房屋还是具有一定的抗震能力的。历次地震的震害调查统计表明，未经抗震设防的多层砖房，6 度时的破坏多数表现为非结构构件的破坏；7 度时会有部分房屋发生结构主体的破坏；8 度时近半数房屋的震害也只是属于中等程度的破坏。因此，对于多层混合结构房屋来说，只要进行合理地抗震设计，精心施工，仍是可以在地震区使用的。

鉴于未来地震对房屋结构的破坏作用具有很大程度的不确定性，过高地追求设计计算的准确性是比较困难的。由于受到试验手段和试验条件的限制，目前也很难对实际地震进行室内模拟。因此，必须重视房屋震害的调查，通过震害分析，会对科学有效的抗震措施、抗震设计思想有所启发。

2. 多层砌体房屋的震害及其分析

在多层砌体房屋中，砖房的震害资料还是比较丰富的，它的经验和教训可为其他砌体房屋所借鉴。

(1) 墙体的破坏

墙体的破坏主要表现为墙体的开裂、错动和倒塌。

与水平地震作用方向平行的承重墙体是承受地震剪力的主要抗侧力构件。当地震作用在砌体内部所产生的主拉应变超过材料极限拉应变时，墙体会产生斜裂缝；在地震反复作用下，墙体形成交叉裂缝。因为房屋底部的地震剪力一般都比上部的大，故底层裂缝较比上层严重。在房屋的横向，山墙最容易出现这种裂缝。这是由于山墙刚度大，分配的剪力大，而其竖向压应力又小的缘故（图 5-1）。

当房屋楼、屋盖水平刚度不足、横墙间距过大时，由于横向水平地震力不能通过楼、屋盖有效地传到横墙上，引起纵墙出平面的受弯、受剪变形而形成水平裂缝。这种裂缝多出现在纵墙窗口上、下截面处，其特点是房屋中段较重、两端较轻。在墙体与楼板连接处也会产生水平裂缝，这主要是楼、屋盖与墙体锚固差的缘故。

在高烈度区，当房屋的承重横墙开裂后，随着水平地震剪力的继续作用，交叉裂缝所分割的墙体两端三角块体可能会被挤出脱落，从而导致墙体因不能再支承上层垂直荷载和水平剪力的共同作用而倒塌。

(2) 墙角的破坏

房屋四角以及凸出部分阳角的墙面上，会出现纵横两个方向的 V 形裂缝，严重者会发生外墙角局部塌落。这种破坏形式是砖房结构较为常见的震害，其主要原因是墙角位于房屋尽端，房屋整体对其约束作用差；纵、横墙产生的裂缝往往在墙角处相遇；加之地震作用所产生的扭转效应使墙角处于较为复杂的应力状态，应力较为集中（图 5-2）。

图 5-1　山墙斜裂缝

图 5-2　墙角破坏

（3）纵、横墙连接破坏

这种破坏形式也是在砖房震害中所常见的，其具体表现为纵、横墙连接处出现竖向裂缝，严重者纵墙外闪而倒塌。一般是施工时纵、横墙没有严格咬槎，两者连接差，加之地震时有两个方向的地震作用，使连接处受力复杂，应力集中的缘故。另外，如果地基条件不好，地震时产生不均匀沉降，同样也会引起此种裂缝。

（4）楼梯间的破坏

地震时楼梯间的震害一般都比较严重。这并不是楼梯本身的破坏，而是楼梯间的墙体破坏。一方面，楼梯间的横墙间距一般都比其他房间的小，其刚度比其他部位的要大，因而所负担的地震剪力也大；另一方面，楼梯间的墙体在高度方向上缺乏必要的水平支撑，楼梯间空间刚度小，特别是在顶层，墙高而稳定性差，更容易造成破坏。楼梯间墙体由于这两方面的原因，会产生斜裂缝乃至交叉裂缝而破坏。

（5）楼盖与屋盖的破坏

房屋楼、屋盖的破坏很少是因为楼、屋盖本身承载力、刚度不足而引起的，大多数情况则是由于楼、屋盖的整体性差，楼、屋盖与其他构件的连接薄弱而导致。现浇钢筋混凝土楼、屋盖整体性好，是较为理想的抗震构件。装配式或装配整体式钢筋混凝土楼、屋盖则可能因板与板之间缺乏足够的连接或板的支承长度过短而散落。

（6）房屋倒塌

这是最为严重的一种震害，也是会对人民生命财产造成较大危害的震害。当结构底层墙体不足以抵抗强震作用下的剪力时，则易造成底层倒塌，进而导致整个房屋的倒塌；当房屋上部自重大、刚度差或材料强度低时，则易造成上部倒塌；当房屋个别部位整体性差，连接不好，或平立面处理不好时，则易造成局部倒塌（图5-3）。

图 5-3　房屋倒塌

（7）附属构件

房屋的附属构件通常指女儿墙、挑檐、阳台、雨篷，出屋面的楼电梯间及烟囱、门脸、垃圾道等。由于这些构件与结构主体的连接较差，而它们所处位置往往存在"鞭端效应"，地震时会很容易破坏，如墙面开裂、墙体错动、整体倒塌，甚至外甩等。

3．底部框架房屋的震害及其分析

历次大地震，如1963年南斯拉夫地震，1972年美国圣费南多地震，1976年罗马尼亚地震，以及我国的唐山地震都证明，底层框架砖房的震害是相当严重的。其震害特点一般是：破坏多数发生在底层，特别多的是发生在框架身上，而且柱比梁严重。房屋的具体震害，上部砌体层与多层砖房类同，但要比纯砖房的震害严重；在房屋下部框架层，多数柱的顶端、底端产生水平裂缝或局部压碎崩落，少数梁在支座附近出现竖向裂缝。在9度以上地区，多数情况是底层倒塌，上面几层原地坐落。

导致底层框架房屋震害加重的原因是：上部各层墙体较密，不仅重量大，而且侧移刚度也大；房屋底层承重结构为框架，其侧移刚度小得多。这样，就形成了上刚下柔的结构体系。这种刚度的急剧变化，使房屋侧移集中于相对薄弱的底层，导致房屋底层首先破坏而且震害严重，进而导致整个房屋的震害加重甚至倒塌。

4. 内框架房屋的震害及其分析

多层内框架砖房，由于空间大，缺少横墙联系，所以房屋的刚度较差；同时，它是由砖砌体和钢筋混凝土两种材料的组成的，两者动力特性相差较大，振动时很不协调。因此，内框架房屋的震害比多层砖房和钢筋混凝土全框架房屋都严重。这类房屋的主要震害有：外纵墙顶部周围、外纵墙及墙垛在大梁底面或窗间墙的上、下端产生水平裂缝；山墙或内横墙上产生斜裂缝或交叉裂缝；钢筋混凝土内柱的顶部和底部产生水平裂缝，严重者混凝土酥碎、崩落、纵筋压曲；钢筋混凝土梁在靠近支座处产生竖向裂缝或斜裂缝等。

二、抗震设计一般规定

根据上述地震震害分析得到启示，多层混合结构房屋的抗震设计，除了要保证房屋具有足够的抗震承载能力以外，更关键的是必须在房屋结构的总体设计和细部构造等方面狠下功夫，使结构构件布局合理，受力体系安全可靠，从根本上增强房屋的抗震性能。因此，我国现行《抗震规范》就多层混合结构房屋的抗震设计，提出了许多相当明确的规定和要求。

1. 限制房屋的层数和高度

历次震害表明，地震时多层混合结构房屋的破坏，随着房屋高度、层数的增加而加重，房屋倒塌率几乎与房屋高度、层数成正比。为此，《抗震规范》明确规定：

（1）一般情况下，房屋的层数和高度不应超过表 5-1 的规定；对医院、教学楼等横墙较少的多层砌体房屋，总高度应比表中规定的限值降低 3m，层数相应减少一层；各层横墙很少的多层砌体房屋，还应根据具体情况再适当降低其标准。

房屋的层数和总高度限值（m）   表 5-1

房屋类别		最小墙厚（mm）	烈 度							
			6		7		8		9	
			高度	层数	高度	层数	高度	层数	高度	层数
多层砌体	普通砖	240	24	8	21	7	18	6	12	4
	多孔砖	240	21	7	21	7	18	6	12	4
	多孔砖	190	21	7	18	6	15	5	—	—
	小砌块	190	21	7	21	7	18	6	—	—
底部框架—抗震墙		240	22	7	22	7	19	6	—	—
多排柱内框架		240	16	5	16	5	13	4	—	—

注：1. 房屋的总高度指室外地面到主要屋面板板顶或檐口的高度。半地下室从地下室室内地面算起，全地下室和嵌固条件好的半地下室允许从室外地面算起；对带阁楼的坡屋面应算到山尖墙的 1/2 高度处；室内外高差大于 0.6m 时，房屋总高度可以增加，但不得多于 1m；

2. 本表不适于配筋小型空心砌块房屋。

（2）砌体承重房屋的层高不应超过 3.6m，底部框架房屋的底部框架层和内框架房屋的各层层高不应超过 4.5m。

（3）房屋的高宽比，宜符合表 5-2 的要求。

房屋最大高宽比   表 5-2

烈　　度	6	7	8	9
最大高宽比	2.5	2.5	2.0	1.5

2．合理布置房屋的结构体系

由于采用简化抗震设计方法，当体型复杂或构件布置不匀称时，应力集中、扭转影响不好估计，细部构造也较难处理。所以，多层混合结构房屋更需注意结构体系的合理布置。

（1）建筑体型力求简单、规则，应优先采用横墙承重或纵、横墙共同承重方案。

（2）纵、横向抗侧力构件宜均匀对称、齐整，局部尺寸宜大小一致、刚度相近。

（3）楼梯间不宜设在房屋尽端、转角处，烟道、垃圾道等不应削弱主体构件。

（4）有下列情况之一时，宜设防震缝，缝两侧应有抗震墙，缝宽用 50～100mm：

①房屋立面高差在 6m 以上；

②房屋有错层，且楼板高差较大；

③各部分结构刚度、质量截然不同。

3．控制抗震墙的最大间距和房屋局部尺寸

多层混合结构房屋的水平地震力主要是由抗震墙承担的，要求抗震墙体不仅具有足够的承载能力，而且它们的间距应能保证楼、屋盖具有足够的传递地震力的水平刚度。同时，多层混合结构对局部薄弱部位的地震破坏也很敏感，这些部位的失效会造成整栋房屋的破坏。因此，《抗震规范》规定了相应的抗震墙最大间距和房屋局部尺寸限值，详见表 5-3、5-4。

房屋抗震墙最大间距（m）   表 5-3

房　屋　类　别		烈　　度			
		6	7	8	9
多层砌体	现浇或装配整体式钢筋混凝土楼、屋盖	18	18	15	11
	装配式钢筋混凝土楼、屋盖	15	15	11	7
	木楼、屋盖	11	11	7	4
底部框架— 抗震墙	上部各层	同多层砌体房屋			—
	底层或底部两层	21	18	15	—
多排柱内框架		25	21	18	—

注：1．对于多层砌体房屋的顶层，最大横墙间距应允许适当放宽；

2．表中木楼、屋盖的规定，不适用于小砌块房屋。

房屋的局部尺寸限值（m）   表 5-4

限 制 项 目	6 度	7 度	8 度	9 度
承重窗间墙最小宽度	1.0	1.0	1.2	1.5
承重外墙尽端至门窗洞边的最小距离	1.0	1.0	1.2	1.5
非承重外墙尽端至门窗洞边的最小距离	1.0	1.0	1.0	1.0
内墙阳角至门窗洞边的最小距离	1.0	1.0	1.5	2.0
无锚固女儿墙（非出、入口处）的最大高度	0.5	0.5	0.5	0.0

注：1. 局部尺寸不足时，应采取局部加强措施予以弥补；
    2. 出、入口处的女儿墙应有锚固；
    3. 多层多排柱内框架房屋的纵向窗间墙宽度，不应小于 1.5m。

4. 设置钢筋混凝土构造柱（芯柱）和圈梁

地震震害经验和试验研究证明，多层混合结构房屋设置钢筋混凝土构造柱（芯柱）和圈梁是增强房屋整体性、提高房屋抗倒塌能力的极为有效的抗震措施。构造柱（芯柱）能够对墙体起到约束作用，提高其抗剪能力，使之具有较好的变形性能；圈梁能够对房屋楼、屋盖起约束作用，提高其水平刚度，保证有效地传递水平地震力，而且能使楼、屋盖与纵、横向抗侧力构件具有可靠的连接，防止预制板塌落和墙体出平面的倒塌，增强房屋的整体性；圈梁与构造柱（芯柱）相联合，对墙体在竖向平面内起约束作用，阻止了墙体剪切变形的发展，改善了墙体乃至整个房屋的延性。为了保证、提高房屋的整体抗震性能，《抗震规范》对多层混合结构房屋的构造柱（芯柱）和圈梁设置问题，提出了若干强制性规定，并且明确了相应的构造要求。

（1）构造柱（芯柱）

1）设置原则

①多层砖房

多层普通砖、多孔砖房屋，应按下列要求设置现浇钢筋混凝土构造柱：

构造柱设置部位，一般情况下应符合表 5-5 的要求。

外廊式和单面走廊式的多层房屋，应根据房屋增加一层后的层数，按表 5-5 中的要求设置构造柱，且单面走廊两侧的纵墙均应按外墙对待。

对医院、教学楼等横墙较少的房屋，应按房屋增加一层后的层数，按表 5-5 中的要求设置构造柱；当这些房屋为外廊式或单面走廊式的房屋时，应按再增加一层的原则进行设置，但 6 度不超过四层、7 度不超过三层、8 度不超过二层时，应按增加二层后的层数对待。

砖房构造柱设置要求 表 5-5

房屋层数				设 置 部 位	
6 度	7 度	8 度	9 度		
四、五	三、四	二、三		外墙四角，错层部位横墙与外纵墙交接处，大房间内外墙交接处，较大洞口两侧	7、8 度时，楼、电梯间的四角；隔 15m 或单元横墙与外纵墙交接处
六、七	五	四	二		隔开间横墙（轴线）与外墙交接处，山墙与内纵墙交接处；7～9 度时，楼、电梯间的四角
八	六、七	五、六	三、四		内墙（轴线）与外墙交接处，内墙的局部较小墙垛处；7～9 度时，楼、电梯间的四角；9 度时，内纵墙与横墙（轴线）的交接处

②多层砌块房层

多层小砌块房屋应按表 5-6 的要求设置钢筋混凝土芯柱；对医院、教学楼等横墙较少的房屋，应根据房屋增加一层后的层数，按表中的要求设置芯柱。

小砌块房屋芯柱设置要求 表 5-6

房屋层数			设 置 部 位	设置数量（灌实的孔数）
6 度	7 度	8 度		
四、五	三、四	二、三	外墙转角，楼梯间四角；大房间内、外墙交接处；隔 15m 或单元横墙与外纵墙交接处	外墙转角，3 个；内、外墙交接处，4 个
六	五	四	外墙转角，楼梯间四角，大房间内、外墙交接处；山墙与内纵墙交接处，隔开间横墙（轴线）与外纵墙交接处	
七	六	五	外墙转角，楼梯间四角；各内墙（轴线）与外纵墙交接处；8、9 度时，内纵墙与横墙（轴线）交接处和洞口两侧	外墙转角，5 个；内、外墙交接处，4 个；内墙交接处，4～5 个；洞口两侧，各 1 个
	七	六	同上；横墙内芯柱间距不宜大于 2m	外墙转角，7 个；内、外墙交接处，5 个；内墙交接处，4～5 个；洞口两侧，各 1 个

③底部框架房屋和内框架房屋

对于底部框架房屋，其上部砌体层应根据房屋的总层数按多层砖房的要求设置相应的钢筋混凝土构造柱。过渡层尚应在底部框架柱对应位置处设置构造柱。

多层多排柱内框架房屋应在外墙四角、楼电梯间四角、楼梯休息平台梁的支承处、抗震墙两端、未设置组合柱的外纵墙对应于中间柱列轴线等部位设置现浇钢筋混凝土构造柱。

2）构造要求

①多层砖房

构造柱最小截面可采用 240mm×180mm，纵向钢筋宜用 4φ12，箍筋间距不宜大于 250mm，且在柱上、下端宜适当加密；7 度时超过六层、8 度时超过五层和 9 度时，构造柱纵筋宜用 4φ14，箍筋间距不应大于 200mm；房屋四角的构造柱可适当加大截面及配筋。

构造柱处应先砌墙后浇柱，墙体砌成马牙槎，沿墙高每隔 500mm 设置 2φ6 的拉结筋，每边伸入墙内 1m。

构造柱与圈梁连接处，构造柱的纵筋应穿过圈梁，保证构造柱纵筋上、下贯通。

构造柱可以不单独设置基础，但应伸入室外地面以下 500mm，或锚入浅于 500mm 的基础圈梁内。

②多层砌块房层

小砌块房屋芯柱截面不宜小于 120mm×120mm；其混凝土强度等级不应低于 C20。

芯柱的竖向插筋应贯通墙身并与圈梁连接；插筋不应小于 1φ12，7 度时超过五层、8 度时超过四层和 9 度时，插筋不应小于 1φ14。

芯柱应伸入室外地面以下 500mm，或与埋深小于 500mm 的基础圈梁相连。

③底部框架抗震墙和多排内框架房屋

构造柱的截面不宜小于 240mm×240mm，纵筋不宜小于 4φ14，箍筋间距不宜大于 200mm；构造柱应与每层圈梁连接，或与现浇楼板可靠拉结。

对于底部框架抗震墙房屋，过渡层构造柱的纵筋，7 度时不宜少于 4φ16，8 度时不宜少于 6φ16。一般情况下，纵筋应锚入下部框架柱内；当锚固在框架梁内时，框架梁的相应部位应加强。

（2）圈梁

1）设置原则

①多层普通砖、多孔砖房屋的现浇钢筋混凝土圈梁设置应符合下列要求：

装配式钢筋混凝土楼、屋盖或木楼、屋盖的砖房，横墙承重时应按表 5-7 的要求设置圈梁；纵墙承重时每层均应设置圈梁，且抗震横墙上的圈梁间距应比表内要求适当加密。

现浇或装配整体式钢筋混凝土楼、屋盖与墙体有可靠连接的房屋，可以不另设圈梁，但楼板沿墙体周边应加强配筋并应与相应的构造柱钢筋可靠连接。

砖房现浇钢筋混凝土圈梁设置要求　　　　表 5-7

墙　类	烈　　　度		
	6、7	8	9
外墙和内纵墙	每层楼盖处及屋盖处	每层楼盖处及屋盖处	每层楼盖处及屋盖处
内横墙	同上；屋盖处间距不应大于 7m；楼盖处间距不应大于 15m；构造柱对应部位	同上；屋盖处沿所有横墙，且间距不应大于 7m；楼盖处间距不应大于 7m；构造柱对应部位	同上；各层所有横墙

②小砌块房屋

小砌块房屋的现浇钢筋混凝土圈梁应按表 5-8 的要求进行设置。

小砌块房屋现浇钢筋混凝土圈梁设置要求　　　　表 5-8

墙　类	烈　　　度	
	6、7	8
外墙和内纵墙	每层楼盖处及屋盖处	每层楼盖处及屋盖处
内横墙	同上；屋盖处沿所有横墙；楼盖处间距不应大于 15m；构造柱对应部位	同上；各层所有横墙

③底部框架抗震墙房屋和多排内框架房屋

对于底部框架房屋的砌体层和内框架房屋的各层，当采用装配式钢筋混凝土楼、屋盖时，应每层设置圈梁；当采用现浇钢筋混凝土楼、屋盖时，可以不另设圈梁，但楼板沿墙体周边应加强配筋并与相应的构造柱钢筋可靠连接。

2）构造要求

多层普通砖、多孔砖房屋的现浇钢筋混凝土圈梁构造应符合如下要求：

圈梁应闭合，遇有洞口、圈梁应上下搭接；圈梁宜与预制板设在同一标高处或紧靠板底；当在应有圈梁的地方没有横墙而不能设置圈梁时，应利用其他梁或板缝中配筋替代圈梁。

圈梁的截面高度不应小于 120mm，配筋应符合表 5-9 的要求。

砖房圈梁配筋要求　　　　表 5-9

配　筋	烈　　　度		
	6、7	8	9
最小纵筋	4ϕ10	4ϕ12	4ϕ14
最大箍筋间距（mm）	250	200	150

5. 保证房屋楼、屋盖的水平刚度及整体性

从结构抗震的角度看，房屋的楼、屋盖是重要的水平抗侧力构件，它的作用在于有效地传递水平地震力并将其合理地分配给各个竖向抗侧力构件上；不仅需要其具有一定的承载能力，更关键的是需要保证它自身的刚度和整体性，同时要求在墙体等竖向承重构件上有足够的支承和联结。

（1）现浇钢筋混凝土楼屋面板伸进纵、横墙内的长度，均不应小于120mm。

（2）装配式钢筋混凝土楼层面板，当圈梁未设在板的同一标高时，板端伸进外墙的长度不应小于120mm，伸入内墙长度不应小于100mm，在梁上不应小于80mm。

（3）当板跨度大于4.8m并与外墙平行时，靠外墙的预制板侧边应与墙或圈梁拉结。

（4）房屋端部大房间的楼盖、8度时房屋的屋盖和9度时房屋的楼、屋盖，当圈梁设在板底时，钢筋混凝土预制板应相互拉结，并应与梁、墙或圈梁拉结。

（5）楼、屋盖的钢筋混凝土梁应与墙、柱（包括构造柱）或圈梁可靠连接。

（6）底部框架房屋的框架层楼盖必须用现浇钢筋混凝土板，板厚不小于120mm；应少开洞、开小洞，当洞口尺寸大于800mm时，洞口周边应设置边梁。

（7）多层多排内框架房屋的楼、屋盖必须采用现浇或装配整体式钢筋混凝土板。

6. 加强构件间的相互连接

为了保证房屋结构的整体性，防止诸如外墙外闪、楼板塌落等震害的发生，规范对多层混合结构房屋中各类构件在不同部位的连接问题做了具体规定。

（1）楼屋板的搁置长度、楼板与圈梁和墙体的拉结问题，如上所述。

（2）7度时长度大于7.2m的大房间及8度和9度时，外墙转角及内、外墙交接处，若未设置构造柱或芯柱，应沿墙高每隔500mm配置2φ6拉结钢筋，并每边伸入墙内不宜小于1m。

（3）后砌非承重隔墙，应沿墙高每隔500mm配置2φ6拉结筋与承重墙或柱拉结，每边伸入墙内不应小于500mm；8、9度时长度大于5m的后砌隔墙，墙顶尚应与楼板或梁拉结。

（4）门窗洞口不应采用无筋砖过梁；过梁支承长度，6~8度时不应小于240mm，9度时不应小于360mm。

（5）预制阳台应与圈梁和楼板的现浇板带可靠连接。

（6）突出屋顶的楼、电梯间，构造柱应伸到顶部，并与顶部圈梁连接，内、外墙交接处应沿墙高每隔500mm配置2φ6拉结钢筋，并每边伸入墙内不少于1m。

7. 底部框架抗震墙房屋的特殊抗震措施

正如震害分析中所述，就底部框架房屋而言，由于其底部纵横墙一般都较少，房屋的上、下两部分侧移刚度相差很大，房屋的变形将集中发生于底部框架层，引起底部结构的严重破坏，进而导致整个房屋的倒塌。所以，必须对底框房屋的底部框架层进行特别设计和处理。

（1）应在底部框架层沿房屋纵横两个方向布置一定数量的抗震墙，形成框架—抗震墙结构体系，使结构上、下两部分的侧移刚度趋于均匀。《抗震规范》规定：底层框架砖房的上、下层侧移刚度比，6、7 度时不应大于 2.5，8 度时不得大于 2.0，且均不应小于 1.0；底部两层框架砖房，底层与底部第二层侧移刚度应接近，第三层与底部第二层的侧移刚度比，6、7 度时不应大于 2.0，8 度时不应大于 1.5，且均不应小于 1.0。

（2）抗震墙宜设置在建筑区段的两端，并纵横向连在一起形成刚度较大的 L、T 形组合体，以增加房屋的抗侧移和抗扭转能力。

（3）抗震墙宜为现浇钢筋混凝土墙，其截面和构造应符合下列要求：

1）墙板厚度不宜小于 160mm，且不应小于墙板净高的 1/20；抗震墙宜开设洞口形成若干墙段，各墙段的高宽比不宜小于 2。

2）抗震墙周边应设置梁和边框柱组成的边框；边框梁的截面高度不宜小于墙板厚度的 1.5 倍，边框柱的截面高度不宜小于墙板厚度的 2 倍。

3）抗震墙的竖向和横向分布筋配筋率均不应小于 0.25%，并双排布置。

（4）抗震墙与可以采用普通砖墙，其构造上应符合下列要求：

1）墙厚不小于 240mm，砂浆强度等级不应低于 M10，应先砌墙后浇框架。

2）沿框架柱每隔 500mm 配置 $2\phi6$ 拉结筋，并沿砖墙全长设置。

3）墙长大于 5m 时，应在墙内增设构造柱。

（5）框架柱、抗震墙和托墙梁的混凝土强度等级，不应低于 C30。

8．多排柱内框架房屋的特殊抗震措施

鉴于多层内框架结构的震害较为严重，对多层内框架结构的特殊抗震措施如下：

多层多排柱内框架房屋的楼、屋盖，应采用现浇或装配整体式钢筋混凝土板。采用现浇钢筋混凝土楼板时应允许不设圈梁，但楼板沿墙体周边应加强配筋并应与相应的构造柱可靠连接。

多排柱内框架梁在外纵墙、外横墙上的搁置长度不应小于 300mm，且梁端应与圈梁或组合柱、构造柱连接。

多层排柱内框架房屋的钢筋混凝土构造柱设置，应符合下列要求：

（1）钢筋混凝土构造柱应设置在外墙四角和楼、电梯间四角；楼梯休息平台梁的支承部位；抗震墙两端及未设置组合柱的外纵墙、外横墙上对应于中间柱列轴线的部位。

（2）构造柱的截面，不宜小于 240mm×240mm。

（3）构造柱的纵向钢筋不宜少于 $4\phi14$，箍筋间距不宜大于 200mm。

（4）构造柱应与每层圈梁连接，或与现浇楼板可靠拉结。

9. 抗震等级

底部框架—抗震墙房屋的框架和抗震墙的抗震等级，6、7、8 度时可分别按三、二、一级采用；多排柱内框架的框架抗震等级，6、7、8 度时可分别按四、三、二级采用。

三、抗震强度验算

1. 计算原则与计算简图

根据规范要求，多层混合结构房屋的抗震设计一般可不考虑扭转效应和竖向地震作用的影响，而仅针对水平地震作用进行抗侧力构件自身平面内的抗震承载力计算，并且可以在房屋的两个主轴方向上分别进行工作。由于该类房屋的高度一般都不会太高，结构的变形主要以剪切变形为主，结构的水平地震作用可以采用底部剪力法计算；对于底部框架砖房和内框架房屋来说，考虑到结构刚度、质量分布的不甚均匀性及抗震墙刚度退化等因素，需对其楼层地震作用或/和地震内力作适当地调整。

多层混合结构房屋的抗震计算，应以抗震缝所划分的区段作为计算单元。计算时，整个计算单元中各楼层的重力荷载集中到相应楼、屋盖标高处而形成多质点体系，见图 5-4。体系中各质点的重力荷载，包括作用在相应标高处楼、屋盖上的所有重力荷载代表值及上、下各半层竖向抗侧力构件的重力荷载。体系中结构底部固定端标高的取值原则是：当基础埋置较浅时，取为基础顶面；当基础埋

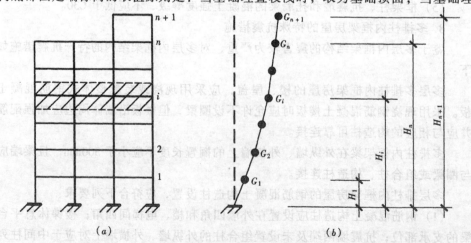

图 5-4 多层混合结构抗震计算简图

（a）集中荷载法；（b）多质点体系

置较深时，取为室外地坪以下 0.5m 处；当设有整体刚度很大的全地下室时，取为地下室顶板顶部；当地下室整体刚度较小或为半地下室时，取为地下室室内地坪处。

2. 地震作用与楼层地震剪力

（1）结构地震作用

多层混合结构的纵、横向侧移刚度都很大，结构纵、横向的基本周期都很短，一般都不会超过 0.25s。因此《抗震规范》规定，对于多层混合结构，按底部剪力法计算时，取 $\alpha_1 = \alpha_{max}$，其纵、横向水平地震作用可由下列公式确定：

$$F_{Ek} = \alpha_{max} G_{eq} \tag{5-1}$$

$$F_i = \frac{G_i H_i}{\sum\limits_{j=1}^{n+1} G_j H_j} F_{Ek}(1 - \delta_n) \tag{5-2}$$

$$\Delta F_n = \delta_n F_{Ek} \tag{5-3}$$

式中　F_{Ek}——结构总水平地震作用标准值；

$\quad\quad F_i$——结构第 i 层的水平地震作用标准值（$i = 1, 2, \cdots, n, n+1$）；

$\quad\Delta F_n$——结构主体顶部附加水平地震集中力标准值；

$\quad\quad \delta_n$——结构主体顶部附加地震作用系数，多层内框架砖房取 0.2，其他房屋为 0.0；

$\quad \alpha_{max}$——结构水平地震影响系数最大值；

$\quad\quad G_{eq}$——结构等效总重力荷载，$G_{eq} = 0.85\Sigma G_i$；

$\quad\quad G_i$——结构第 i 楼层的重力荷载代表值；

H_i、H_j——分别为结构第 i、j 楼层的计算标高；

$\quad\quad\quad n$——房屋主体部分的总层数；

$n+1$——突出主体屋顶的小屋即突出层的楼层号，房屋总层数。

（2）结构楼层地震剪力

结构的水平楼层地震剪力，对于一般层，按下述原则确定：

$$V_i = V_{i+1} + F_i(i = 1, 2, \cdots, n-1) \tag{5-4}$$

对于突出层，需考虑鞭端效应，按下述原则确定：

$$V_{n+1} = 3F_{n+1} \tag{5-5}$$

对于结构主体顶层，按下述原则确定：

$$V_n = F_{n+1} + F_n + \Delta F_n \tag{5-6}$$

3. 楼层地震剪力的分配与调整

（1）分配原则

根据《抗震规范》规定，一般结构的各方向地震作用由该方向的各抗侧力构件来承担；结构的楼层水平地震剪力向同层各抗侧力构件的分配原则取决于房屋楼、屋盖的刚度：

1）对于刚性楼、屋盖房屋，按抗侧力构件等效刚度的比例分配；

2）对于柔性楼、屋盖房屋，按抗侧力构件从属面积上重力荷载的比例分配；

3）对于半刚性楼、屋盖房屋，可取上述两种分配结果的平均值。

（2）多层砌体房屋

对于多层砌体房屋，结构的楼层水平地震剪力，应按横向地震剪力全部由横墙分担、纵向地震剪力全部由纵墙分担的原则进行分配。由于房屋两个方向上楼、屋盖的刚度不相一致，且不同类型的楼、屋盖其刚度性质亦不相同，故地震剪力的分配方案需根据楼、屋盖的具体情况分别确定。

1）横向地震剪力的分配

①现浇或装配整体式钢筋混凝土楼、屋盖房屋——刚性楼盖房屋

现浇钢筋混凝土楼、屋盖的整体性好，水平刚度很大，理所当然地属于刚性楼、屋盖；装配整体式楼、屋盖系指装配式预制板上设有钢筋混凝土现浇层的楼、屋盖，其水平刚度也比较大，也可视为刚性楼、屋盖。对这类楼、屋盖房屋，结构的横向楼层水平地震剪力可按上述第一条原则分配到同层各横墙上。

$$V_{ji} = \frac{K_{ji}}{\Sigma K_{ji}} V_i \qquad (5-7)$$

式中 V_{ji}——第 i 层第 j 道横墙的水平地震剪力；

V_i——第 i 层的横向楼层水平地震剪力；

K_{ji}——第 i 层第 j 道横墙的抗侧力等效刚度。

当第 i 层的各横墙皆为实墙，且其高度相同、高宽比都小于 1、所用材料一样时，可得如下简化式：

$$V_{ji} = \frac{A_{ji}}{\Sigma A_{ji}} V_i \qquad (5-7a)$$

式中 A_{ji}——第 i 层第 j 道横墙的水平截面面积。

②木制楼、屋盖房屋——柔性楼盖房屋

此类楼、屋盖水平刚度小，属于柔性楼、屋盖，结构的横向楼层水平地震剪力应按上述第二条原则分配到同层各横墙上。

$$V_{ji} = \frac{G_{ji}}{G_i} V_i \qquad (5-8)$$

式中 G_{ji}——第 i 层第 j 道横墙从属面积上的结构重力荷载代表值；

G_i——第 i 层楼、屋盖总重力荷载代表值。

当第 i 层单位面积上的结构重力荷载相等时，可得如下简化式：

$$V_{ji} = \frac{S_{ji}}{S_i}V_i \qquad\qquad (5\text{-}8a)$$

式中　S_{ji}——第 i 层第 j 道横墙的从属面积；

$\qquad\quad$ S_i——第 i 层楼、屋盖总的建筑面积。

③装配式钢筋混凝土楼、屋盖房屋——中等刚度楼盖

装配式钢筋混凝土楼、屋盖的水平刚度介于刚性和柔性楼、屋盖之间，属于半刚性楼、屋盖，其任何层内各道横墙的地震剪力可按上述第三条原则计算。

$$V_{ji} = \frac{1}{2}\left(\frac{K_{ji}}{\Sigma K_{ji}} + \frac{G_{ji}}{G_i}\right)V_i \qquad\qquad (5\text{-}9)$$

相应地，简化公式为：

$$V_{ji} = \frac{1}{2}\left(\frac{A_{ji}}{\Sigma A_{ji}} + \frac{S_{ji}}{S_i}\right)V_i \qquad\qquad (5\text{-}9a)$$

2）纵向地震剪力的分配

一般砌体房屋的楼、屋盖纵向水平刚度都很大，故无论是哪种类型的楼、屋盖房屋，其纵向水平地震剪力向同层各纵墙的分配，都可按刚性楼、屋盖方案进行。

$$V_{ji} = \frac{K_{ji}}{\Sigma K_{ji}}V_i \qquad\qquad (5\text{-}10)$$

式中　V_{ji}——第 i 层第 j 道纵墙的水平地震剪力；

$\qquad\quad$ V_i——第 i 层的纵向楼层水平地震剪力；

$\qquad\quad$ K_{ji}——第 i 层第 j 道纵墙的抗侧力等效刚度。

3）多洞口墙体的地震剪力分配

房屋中某些纵墙或横墙因门窗的设置会有多个洞口，这些洞口把墙体分割成若干墙段，这些墙段有的会成为薄弱部位。为此，对于开洞墙，有必要将其地震剪力进一步分配到它的各墙段上去，以备对薄弱墙段作相应的抗震承载力验算。

由于同一墙体中各洞口的上、下部分均为侧移刚度很大的水平实心墙带，它们能保证洞口间各等高的墙段具有等同的水平侧移，故墙体的地震剪力可按墙段的侧移刚度的比例分配到各墙段上。

$$V_r = \frac{K_r}{\Sigma K_r}V_{ji} \qquad\qquad (5\text{-}11)$$

式中　V_{ji}——第 i 层第 j 道横墙或纵墙的水平地震剪力；

$\qquad\quad$ V_r——墙体中第 r 墙段的地震剪力；

$\qquad\quad$ K_r——第 r 墙段的侧移刚度。

（3）底部框架砖房

1）楼层地震剪力的调整

底部框架砖房最突出的结构特点是底部框架层属于柔性体系，而上部砖墙层属于刚性体系，两者抗侧移刚度相差很大，结构在大地震的作用下，底部框架层将因变形集中而出现过大的侧向位移，进而导致结构的严重破坏甚至倒塌。因此《抗震规范》要求：对于底部框架砖房结构，在通过对房屋底部框架层设置适量的纵、横抗震墙，以控制房屋上、下层侧移刚度比在较为合理的范畴之内的前提下，还需对结构底部框架层的楼层地震剪力作必要的调整。

①对底层框架—抗震墙结构，底层楼层地震剪力设计值应乘以增大系数，该系数可以根据第二层与第一层的侧移刚度比值情况在 1.2～1.5 范围内选用；

②对底部两层的框架—抗震墙结构，底层和第二层的楼层地震剪力设计值亦应乘以增大系数，该系数可以根据上部砌体层与下部框架层的侧移刚度比值情况在 1.2～1.5 范围内选用。

2）楼层地震剪力的分配

①上部砌体层

底部框架砖房的上部砌体各层，由于结构方案与多层砌体房屋类同，故其楼层水平地震剪力的分配可完全参照多层砌体房屋的原则进行，这里不再赘述。

②底部框架层

当抗震墙未受地震损伤而具有其最大侧移刚度（即初始刚度）时，它对自身平面内方向上的地震剪力负担得最大，常常为总地震剪力的 95% 以上。因此，在这个阶段，可近似地认为抗震墙承担全部地震剪力，并按各抗震墙的侧移刚度的比例而分配。对于框架，则应考虑结构进入弹塑性阶段后抗震墙已经开裂而其刚度有所降低的这一不利情况，按着框架与抗震墙有效侧移刚度的比例原则，分配得到其地震剪力。所以，各抗侧力构件的地震剪力可按下列各式计算：

a. 每道抗震墙的地震剪力：

$$V_{wk,i} = \frac{K_{wk,i}}{\sum K_{wk,i}} V_i \tag{5-12}$$

式中　$V_{wk,i}$——结构第 i 层第 k 道抗震横（纵）墙所承担的地震剪力；

　　　V_i——结构第 i 层总的横（纵）向楼层水平地震剪力（$i = 1, 2, 3, 4, \cdots, n$）；

　　　$K_{wk,i}$——结构第 i 层第 k 道抗震横（纵）墙的初始侧移刚度。

b. 每榀框架的地震剪力：

$$V_{fj,i} = \frac{K_{fj,i}}{\sum K_{fj,i} + 0.2\sum K_{ck,i} + 0.3\sum K_{bl,i}} V_i \tag{5-13}$$

式中　$V_{fj,i}$——结构第 i 层第 j 榀横（纵）向框架所承担的地震剪力；

　　　$K_{fj,i}$——结构第 i 层第 j 榀横（纵）向框架侧移刚度，即框架的 D 值；

　　　$K_{ck,i}$——结构第 i 层第 k 道混凝土抗震横（纵）墙的初始侧移刚度；

$K_{bl,i}$——结构第 i 层第 l 道砖抗震横（纵）墙的初始侧移刚度。

（4）内框架房屋

内框架房屋的抗侧力构件有砖抗震墙及钢筋混凝土柱与砖柱组合的混合框架两类构件。由于抗震墙的侧移刚度远大于框架柱，当楼、屋盖具有足够的水平刚度时，与地震作用方向一致的抗震墙将承担绝大部分的地震剪力，因此在验算这类构件的抗震承载力时，可认为它们承担了全部的楼层水平地震剪力，其分配方案与底部框架砖房中框架层的抗震墙相同。另一方面，砖墙弹性极限变形较小，在水平力作用下，随着墙面裂缝的发展，侧移刚度迅速降低；框架则具有相当大的延性，在较大的变形情况下侧移刚度才开始下降，而且下降的速度较慢。考虑了楼、屋盖水平变形、高阶空间振型及砖墙刚度退化的影响，《抗震规范》建议按下述原则确定框架各柱的地震剪力：

$$V_c = \frac{\psi_c}{n_b \cdot n_s}(\zeta_1 + \zeta_2 \lambda)V \tag{5-14}$$

式中　V_c——各柱地震剪力设计值；

　　　V——抗震横墙间的楼层地震剪力设计值；

　　　ψ_c——柱类型系数，钢筋混凝土内柱可采用 0.012，外墙砖柱可采用 0.0075；

　　n_b、n_s——分别为抗震墙的开间数和内框架的跨数；

　　　λ——抗震横墙间距与房屋总宽度的比值，当小于 0.75 时，取为 0.75；

　　ζ_1、ζ_2——计算系数，可按表 5-10 采用。

计　算　系　数　　　　　　　　表 5-10

总层数	2	3	4	5
ζ_1	2.0	3.0	5.0	7.5
ζ_2	7.5	7.0	6.5	6.0

4. 结构抗震承载力计算

（1）砌体墙的抗震验算

砌体墙的抗震受剪承载力验算可只针对从属面积较大、竖向应力较小的墙段进行操作。

1）无筋砖砌体

普通砖、多孔砖墙的截面抗震受剪承载力，一般情况按下列规定验算：

$$V \leqslant f_{vE}A/\gamma_{RE} \tag{5-15}$$

式中　V——墙体剪力设计值；

　　　f_{vE}——砖砌体沿阶梯形截面破坏的抗震抗剪强度设计值；

　　　A——墙体的横截面面积，多孔砖取毛截面面积；

γ_{RE}——承载力抗震调整系数。

注：地震剪力设计值等于地震剪力标准值乘以地震作用分项系数 1.3。

当按上式验算不满足要求时，可计入设置于墙段中部、截面不小于 240mm × 240mm、且间距不大于 4m 的构造柱对受剪承载力的提高作用，按下列简化方法验算：

$$V \leqslant \frac{1}{\gamma_{RE}} \left[\eta_c f_{vE}(A - A_c) + \zeta f_t A_c + 0.08 f_y A_s \right] \tag{5-16}$$

式中 A_c——中部构造柱的横截面积（外纵墙 $A_c \leqslant 0.25A$，其他墙 $A_c \leqslant 0.15A$）；

f_t——中部构造柱混凝土轴心抗拉强度设计值；

A_s——中部构造柱纵筋横截面总面积（配筋率不小于 0.6%，大于 1.4% 取 1.4%）；

f_y——钢筋抗拉强度设计值；

ζ——中部构造柱参与工作系数，居中设一根时取 0.5，多于一根时取 0.4；

η_c——墙体约束修正系数，一般情况取 1.0，构造柱间距不大于 2.8m 时取 1.1。

2）水平配筋砖砌体

水平配筋普通砖、多孔砖墙体的截面抗震受剪承载力，应按下式验算：

$$V \leqslant \frac{1}{\gamma_{RE}} (f_{vE} A + \zeta_s f_y A_s) \tag{5-17}$$

式中 A——墙体横截面面积，多孔砖取毛截面面积；

A_s——层间墙体竖向截面钢筋总截面积；

f_y——钢筋抗拉强度设计值；

ζ_s——钢筋参与工作系数，可按表 5-11 采用。

	钢筋参与工作系数				表 5-11
墙体高宽比	0.4	0.6	0.8	1.0	1.2
ζ_s	1.10	0.12	0.14	0.15	0.12

注：层间墙体竖向截面钢筋的配筋率应不小于 0.07% 且不大于 0.17%。

3）小砌块墙体

对于小砌块砌体，其截面抗震受剪承载力，应按下式验算：

$$V \leqslant \frac{1}{\gamma_{RE}} \left[f_{vE} A + (0.3 f_t A_c + 0.05 f_y A_s) \zeta_c \right] \tag{5-18}$$

式中 f_t——芯柱（构造柱）混凝土轴心抗拉强度设计值；

A_c——芯柱（构造柱）截面总面积；

A_s——芯柱（构造柱）钢筋总截面面积；

ζ_c——芯柱（构造柱）钢筋参与工作系数，可按表 5-12 采用。

当同时设有芯柱和构造柱时，构造柱可作为芯柱处理。

芯柱参与工作系数　　　　　　　表 5-12

填孔率	$\rho < 0.15$	$0.15 \leqslant \rho < 0.25$	$0.25 \leqslant \rho < 0.5$	$\rho \geqslant 0.5$
ζ_c	0.0	1.0	1.10	1.15

注：填孔率指芯柱根数（含构造柱和填实孔洞数量）与孔洞总数之比。

4）砌体抗震抗剪强度

各类砌体沿阶梯形截面破坏的抗震抗剪强度设计值，应按下式确定：

$$f_{vE} = \zeta_N f_v \tag{5-19}$$

式中　f_{vE}——砌体沿阶梯形截面破坏的抗震抗剪强度设计值；

f_v——非抗震设计的砌体抗剪强度设计值；

ζ_N——砌体抗震抗剪强度的正应力影响系数，按表 5-13 取用。

砌体强度的正应力影响系数　　　　　　　表 5-13

砌体类别	σ_0/f_v							
	0.0	1.0	3.0	5.0	7.0	10.0	15.0	20.0
普通砖、多孔砖	0.80	1.00	1.28	1.50	1.70	1.95	2.32	
小砌块	—	1.25	1.75	2.25	2.60	3.10	3.95	4.80

注：σ_0 为对应于重力荷载代表值的砌体横截面平均压应力。

5）砌体承载力抗震调整系数

砌体的承载力抗震调整系数 γ_{RE}，应按下述原则采用：

①对于两端均有构造柱、芯柱的抗震墙，取为 0.9；

②对于自承重墙，取为 0.75；

③对于其他砌体抗震墙，取为 1.0。

（2）底层框架砖房框架层的抗震验算

1）框架柱的内力调整

①对于底层框架砖房结构，二层以上的各层水平地震力将对底部框架层产生倾覆力矩，该力矩会对底部框架产生附加弯矩，使框架柱产生附加轴力。为此，对框架柱需要引入由倾覆力矩所产生的附加轴力。

结构倾覆力矩：

$$M_o = \sum_{j=2}^{n} F_j (H_j - H_1) \tag{5-20}$$

一榀框架所分担的倾覆力矩：

$$M_f = \frac{K_f}{\Sigma K_f + \Sigma K_w} M_o \tag{5-21}$$

第 i 根框架柱的附加轴力：

$$N_{ci} = \pm \frac{M_f A_i x_i}{\Sigma A_i x_i^2} \tag{5-22}$$

式中　F_j——结构砌体层各楼层水平地震剪力；

　　　H_j——第 j 层的计算高度；

　　　H_1——结构底层计算高度；

　　　ΣK_f——结构底层框架总侧移刚度；

　　　ΣK_w——结构底层抗震墙总侧移刚度；

　　　A_i——第 i 根框架柱的横截面面积；

　　　x_i——第 i 根框架柱的截面形心到它所在框架的组合形心的距离。

　②当底层框架房屋中采用砖墙作为抗震墙时，砖墙和框架成为组合的抗侧力构件，由砖抗震墙—周边框架所承担的地震作用，将通过周边框架向下传递，故底层砖抗震墙周边的框架柱还需考虑砖墙所施加的附加轴力和附加剪力。

$$N_f = V_w H_f / l \tag{5-23}$$

$$V_f = V_w \tag{5-24}$$

式中　N_f——框架柱的附加轴力；

　　　V_f——框架柱的附加剪力；

　　　V_w——墙体承担的剪力；

　　H_f、l——分别为框架的层高和跨度。

　2）抗震承载力验算

　嵌砌于框架之间的砖抗震墙及两端框架柱，其抗震受剪承载力按下式验算：

$$V \leqslant \frac{1}{\gamma_{REc}} \Sigma (M_{yc}^u + M_{yc}^l)/H_0 + \frac{1}{\gamma_{REw}} \Sigma f_{vE} A_{w0} \tag{5-25}$$

式中　　　V——嵌砌砖抗震墙及两端框架柱剪力设计值；

　　　A_{w0}——砖墙水平截面的计算面积，无洞口时取实际截面的 1.25 倍，有洞口时取截面净面积，但不计入宽度小于洞口高度 1/4 的墙段截面面积；

M_{yc}^u、M_{yc}^l——分别为框架柱上、下端的正截面受弯承载力设计值；

　　　H_0——框架柱的计算高度，两侧有墙时取柱净高的 2/3，其余情况取净高；

　　γ_{REc}——框架柱承载力抗震调整系数，取 0.8；

　　γ_{REw}——嵌砌砖抗震墙承载力抗震调整系数，取 0.9。

　5. 墙体、墙段侧移刚度计算

　本部分介绍典型墙体、墙段的侧移刚度计算方法。

（1）矩形截面实心砖墙

根据力学知识，矩形截面实心砖墙体、墙段的侧移刚度可按下列原则计算：

1）当 $\rho < 1$ 时，只考虑墙体、墙段的剪切变形，

$$K = \frac{Et}{3\rho} \tag{5-26}$$

2）当 $1 \leqslant \rho \leqslant 4$ 时，需同时考虑墙体、墙段的剪切变形和弯曲变形，

$$K = \frac{Et}{\rho(\rho^2 + 3)} \tag{5-27}$$

3）当 $\rho > 4$ 时，侧移刚度变得很小，不宜计其抗侧能力，

$$K = 0 \tag{5-28}$$

式中 K——墙体、墙段的侧移刚度；

$\quad\quad t$——墙体、墙段的厚度；

$\quad\quad E$——材料弹性模量；

$\quad\quad \rho$——墙体、墙段的高宽比（h/b）；

$\quad\quad h$——墙体、墙段的计算高度；

$\quad\quad b$——墙体、墙段的计算宽度。

墙体、墙段的计算高度和计算宽度的确定原则是：对于整片实心的层间墙体，h 取为层高，b 取为整个墙长；对于开有洞口的层间墙体中的各墙段，h 取为相邻洞口的较小洞净高，b 取为洞间墙宽。

（2）开有规则洞口的砖墙

如果墙体开有规则洞口，其侧移刚度可按"墙带法"计算。现先举例说明。

某开洞墙如图 5-5（a）所示。以洞口顶部、底部边缘为界，该墙体可划分为上、中、下三个水平墙带；以洞口左、右边缘为界，中间墙带可进一步划分为五个墙段。在墙顶单位水平剪力作用下，墙体的顶部水平侧移 δ 应等于沿墙高各个墙带的同方向相对侧移 δ_i 之和，而每个墙带的相对侧移 δ_i 为其侧移刚度 K_i 的倒数。

$$\delta = \sum_{i=1}^{3} \delta_i$$

$$\delta_i = \frac{1}{K_i}$$

对于中间墙带，其侧移刚度等于该墙带中各个墙段侧移刚度的和。

$$K_2 = \sum_{j=1}^{5} K_{j2}$$

墙体侧移的倒数即为墙体的侧移刚度，故：

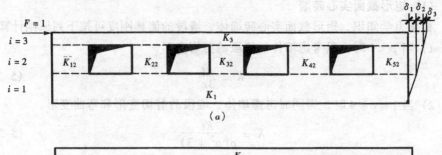

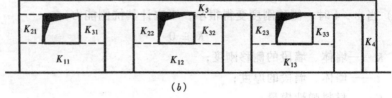

图 5-5　多洞口墙

$$K = \frac{1}{\delta} = \frac{1}{\dfrac{1}{K_1} + \dfrac{1}{K_2} + \dfrac{1}{K_3}} = \frac{1}{\dfrac{1}{K_1} + \dfrac{1}{\displaystyle\sum_{j=1}^{5} K_{j2}} + \dfrac{1}{K_3}}$$

实际工程中，若墙体上有 n 个洞口，则墙体的侧移刚度为：

$$K = \frac{1}{\dfrac{1}{K_1} + \dfrac{1}{\displaystyle\sum_{j=1}^{n+1} K_{j2}} + \dfrac{1}{K_3}} \tag{5-29}$$

式中　K_3、K_1——分别为洞口上、下水平实心墙带的侧移刚度；

　　　　K_{j2}——中间墙带中第 j 个墙段的侧移刚度；

　　　　n——洞口总数。

K_1、K_{j2}、K_3 均可视为墙段根据其 ρ 情况分别套用相应公式计算。

由此看出：对于开有规则洞口墙体而言，墙体的总刚度之倒数等于各墙带刚度的倒数之和；每个墙带的总刚度等于该墙带中各墙段的刚度和。

（3）开有不规则多洞口的砖墙

当墙体开有多个洞口，但洞口的大小、布局不甚规则时，应视其为开有不规则多洞口的墙体。该种墙体的侧移刚度仍可按"墙带法"原则计算，只是需要注意墙带、墙段的划分应尽量合理，保证计算结果的正确性。

不允许割断墙体的实体部分；墙带、墙段的划分宜以门窗洞口为基准。划分工作可以分为三大步：首先要保证通长实体部分的完整性，将整个墙体划分为上、下布局的若干"大墙带"；然后应考虑以门洞口为基准，将存有门洞口的"大墙带"划分为左、右布局的"大墙段"；对于存有窗洞口的"大墙段"，以窗洞口为基准，划分成若干个小墙段。

尚需注意：当窗洞口高度大于墙体总高度50％时，该洞口应按门洞对待。

不规则开洞墙体的具体划分不是统一的，需要视墙体具体开洞情况灵活掌握。这里给出一个实例如图5-5（b）所示，供参考。

（4）小开口砖墙

若墙体、墙段开洞率不大于30％，其侧移刚度可这样计算：首先按实心墙计算其刚度，然后再乘以洞口影响系数。

洞口影响系数达式　　　　　　　　　　　　　　　　表 5-14

开洞率	0.10	0.20	0.30
影响系数	0.98	0.94	0.88

注：开洞率为洞口与墙的立面面积之比。

（5）带边框的钢筋混凝土墙

在底部框架砖房的底部框架层和内框架房屋的各层中，可能存有带边框的钢筋混凝土抗震墙见图5-6，其侧移刚度 K 宜按如下公式计算：

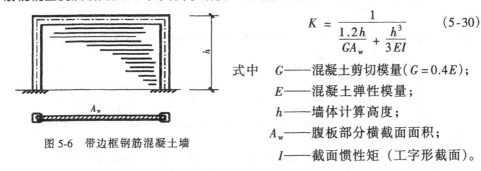

$$K = \frac{1}{\dfrac{1.2h}{GA_w} + \dfrac{h^3}{3EI}} \qquad (5\text{-}30)$$

式中　G——混凝土剪切模量（$G = 0.4E$）；

　　　E——混凝土弹性模量；

　　　h——墙体计算高度；

　　　A_w——腹板部分横截面面积；

　　　I——截面惯性矩（工字形截面）。

图 5-6　带边框钢筋混凝土墙

四、多层砌体房屋抗震计算实例

【计算资料】某四层砖混结构教学楼，装配式钢筋混凝土预制空心板楼、屋盖，纵、横墙混合承重。房屋层高：$h_1 = h_2 = h_3 = h_4 = 3.6m$；各层重力荷载代表值：$G_1 = 11695kN$，$G_2 = G_3 = 11632kN$，$G_4 = 7538kN$。墙体厚度：一、二层360mm，三、四层240mm。墙体材料强度等级：砖 MU10，水泥砂浆 M7.5。房屋的构造柱及圈梁设置符合《抗震规范》的要求，建筑平、剖面尺寸见图5-7（a）、（b）所示。

本工程所在地区的抗震设防烈度为7度，设计地震分组属于第二组，设计基本地震加速度 $0.10g$；建筑场地类别为Ⅱ类。

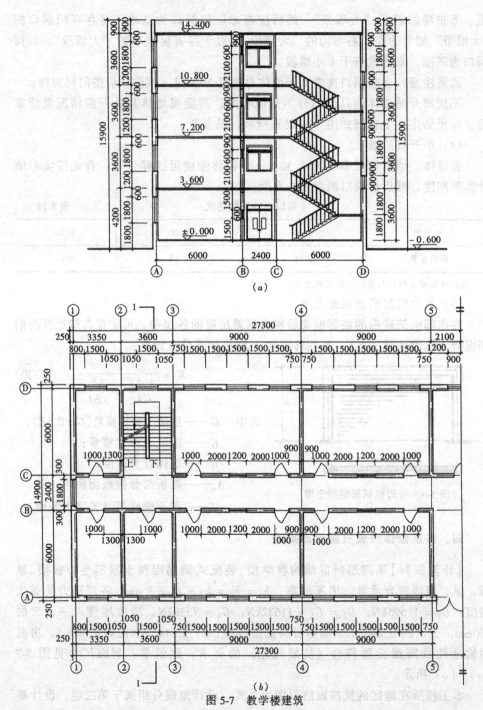

图 5-7 教学楼建筑

(a) 1-1 剖面图;(b) 底层平面图

1. 抗震设计基本要求检验

（1）房屋层数、层高、总高和墙厚

层数：$n = 4 < 6$，满足要求；

层高：$h_{max} = 4.2m$，满足要求；

总高：$H = （3.6 + 0.6）+ 3.6 \times 3 = 15m < 18m$，满足要求；

墙厚：$t_{min} = 240mm$，满足要求。

（2）房屋高宽比

$H / B = 15/14.4 = 1.042 < 2.5$，满足要求。

（3）房屋抗震墙间距

$L_{max} = 9m < 15m$，满足要求。

（4）房屋局部尺寸

承重窗间墙宽度：$b_{min}^{c} = 1.5m > 1.0m$，满足要求；

非承重外墙尽端墙段宽度：$b_{min}^{c} = 1.05m > 1.0m$，满足要求。

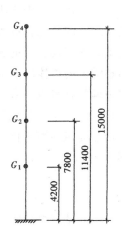

2. 结构水平地震作用和地震剪力

依照《抗震规范》的要求，砌体结构水平地震作用的计算可用底部剪力法，计算简图见图 5-8。其地震影响系数取最大值，顶部附加作用系数 $\delta_n = 0$。

图 5-8　动力计算简图

（1）结构纵、横向总水平地震作用标准值 F_{Ek}

$$G_{eq} = 0.85 \Sigma G_i = 0.85 \times （11695 + 11632 \times 2 + 7538）= 36122kN$$

$$F_{Ek} = \alpha_{max} G_{eq} = 0.08 \times 36122.45 = 2890kN$$

（2）结构纵、横向楼层水平地震作用标准值 F_i（kN）和地震剪力标准值 V_i（kN）计算过程和结果列于表 5-15。

结构纵、横向楼层水平地震作用和地震剪力标准值计算　　　　表 5-15

层　次	h_i (m)	H_i (m)	G_i (kN)	$G_i H_i$ (kN·m)	$F_i = \dfrac{G_i H_i}{\Sigma G_i H_i} F_{Ek}$	$V_i = \sum\limits_{j=i}^{n} F_j$
4	3.6	15.00	7538	113070.0	848	848
3	3.6	11.40	11632	132604.8	994	1842
2	3.6	7.80	11632	90729.6	680	2522
1	4.2	4.20	11695	49119.0	368	2890
Σ				385523.4		

3. 结构横向抗震验算

（1）代表墙体

　　本结构采用混合承重方案，横墙中既有承重墙，也有自承重墙，需要分别对它们进行抗震验算。本着只验算不利墙体的原则，选择③、④轴上Ⓐ～Ⓑ轴间的墙体分别作为承重横墙和自承重横墙的代表墙体（它们承受的地震力较大或竖向压应力较小）

　　（2）剪力分配方案

　　本结构属于中等刚度的楼、屋盖房屋，其横向楼层水平地震剪力在同层内各横墙之间的分配，取为按横墙侧移刚度的比例进行分配的结果与按横墙从属面积上重力荷载代表值的比例进行分配的结果的平均值。由于内走廊的存在，同一横向轴线上的墙体应视为两道墙。各道横墙均无门窗洞口，高宽比都小于1，且同层中墙的材料也一致，故横墙的刚度比可简化为横墙的横截面面积比；横墙从属面积上所受重力荷载代表值的比例，可以近似采用该道墙的从属面积与所在层总的楼层建筑面积之比。这样，得到本结构的横向楼层水平地震剪力的具体分配方案：

$$V_{ji} = \frac{1}{2}\left(\frac{A_{ji}}{A_i} + \frac{S_{ji}}{S_i}\right)V_i$$

　　（3）楼层总建筑面积（$i = 1, 2, 3, 4$）

$$S_i = 54.6 \times 14.4 = 786.24 \text{m}^2$$

　　（4）代表墙体的从属面积（$i = 1, 2, 3, 4$）

$$S_{1i} = (3.6 + 9)/2 \times 6 = 37.8 \text{m}^2$$

$$S_{2i} = (9 + 9)/2 \times 6 = 54 \text{m}^2$$

　　（5）楼层横墙横截面总面积

$$A_1 = A_2 = 0.36 \times 6 \times 10 \times 2 = 43.2 \text{m}^2$$

$$A_3 = A_4 = 0.24 \times 6 \times 10 \times 2 = 28.8 \text{m}^2$$

　　（6）代表墙体的横截面面积（$j = 1, 2$）

$$A_{j1} = A_{j2} = 0.36 \times 6 = 2.16 \text{m}^2$$

$$A_{j3} = A_{j4} = 0.24 \times 6 = 1.44 \text{m}^2$$

　　（7）代表墙体地震剪力标准值 V_{ji}

计算过程和结果列于表5-16。

　　（8）代表墙体竖向压应力 σ_{0j}^i

对于承重墙，其1/2层高处的平均竖向压应力按下式计算：

$$\sigma_{0j}^i = \frac{B_{ji}\sum_{k=i}^{n}q_k + \gamma_b\left(\sum_{k=i}^{n}h_k t_{jk} - \frac{1}{2}h_i t_{ji}\right)}{t_{ji}}$$

对于自承重墙，其1/2层高处的平均竖向压应力按下式计算：

$$\sigma_{0j}^i = \frac{\gamma_b\left(\sum\limits_{k=i}^{n} h_k t_{jk} - \frac{1}{2} h_i t_{ji}\right)}{t_{ji}}$$

式中 B_{ji}——第 i 层第 j 道横墙承受重力荷载的范围宽度;

       q_k——第 k 层楼板每平米的重力荷载代表值;

       γ_b——砌体的材料容重;

       h_i、h_k——第 i、k 层的层高;

       t_{ji}、t_{jk}——第 i、k 层第 j 道横墙的厚度。

横向代表墙体地震剪力标准值计算   表 5-16

墙号 (j)	层次 (i)	V_i (kN)	A_{ji} (mm²)	A_i (mm²)	S_{ji} (mm²)	S_i (mm²)	V_{ji} (kN)
1	4	848	1.44	28.2	37.8	786.24	42
	3	1842	1.44	28.2	37.8	786.24	91
	2	2522	2.16	43.2	37.8	786.24	124
	1	2890	2.16	43.2	37.8	786.24	142
2	4	848	1.44	28.2	54.0	786.24	51
	3	1842	1.44	28.2	54.0	786.24	110
	2	2522	2.16	43.2	54.0	786.24	150
	1	2890	2.16	43.2	54.0	786.24	171

经荷载分析知,$q_1 = q_2 = q_3 = 5.0\text{kN/m}^2$,$q_4 = 7.0\text{kN/m}^2$,则代表墙体的竖向压应力计算过程和结果列于表 5-17。

代表墙体竖向压应力计算   表 5-17

墙号 (j)	层次 (i)	B_{ji} (m)	q_i (kN/m²)	$\sum q_k$	h_i (m)	t_{ji} (m)	$h_i t_{ji}$	$\sum\limits_k h_k t_{jk}$	σ_{0j}^i (kN/m²)
1	4	1.8	7.0	7.0	3.6	0.24	0.864	0.864	86.7
	3	1.8	5.0	12.0	3.6	0.24	0.864	1.728	192.6
	2	1.8	5.0	17.0	3.6	0.36	1.296	3.024	210.4
	1	1.8	5.0	22.0	4.2	0.36	1.512	4.536	309.5
2	4	0	7.0	0	3.6	0.24	0.864	0.864	34.2
	3	0	5.0	0	3.6	0.24	0.864	1.728	102.6
	2	0	5.0	0	3.6	0.36	1.296	3.024	125.4
	1	0	5.0	0	4.2	0.36	1.512	4.536	199.5

(9) 代表墙体截面抗震受剪承载力验算

根据《抗震规范》的规定,各代表墙体的截面抗震受剪承载力,应满足如下要求:

$$1.3V_{ji} \leqslant R_{ji} = \frac{\zeta_N f_V A_{ji}}{\gamma_{RE}}$$

计算过程和结果列于表 5-18。

横向代表墙体截面抗震受剪承载力验算 表 5-18

墙号 (j)	层次 (i)	$1.3V_{ji}$ (kN)	A_{ji} (m²)	f_V (kN/m²)	σ_0 (kN/m²)	σ_0/f_V	ζ_N	R_{ji} (kN)	结论
	4	54.6	1.44	150	86.7	0.578	0.916	219.2	
	3	118.3	1.44	150	192.6	1.284	1.040	249.6	
1	2	161.2	2.16	150	210.4	1.403	1.056	379.2	
	1	184.6	2.16	150	309.5	2.063	1.149	412.8	满足
	4	66.3	1.44	150	34.2	0.228	0.846	203.2	
	3	143.0	1.44	150	102.6	0.684	0.937	225.6	
2	2	195.0	2.16	150	125.4	0.836	0.967	348.0	
	1	222.3	2.16	150	199.5	1.330	1.046	376.8	

4. 结构纵向抗震验算

本工程所有纵墙均开有洞口，墙体的薄弱环节将在墙体的某些墙段上，结构的纵向抗震验算，应是纵向墙体中薄弱墙段的抗震验算。

（1）代表墙段

选择Ⓐ轴线上③～④轴间 1.5m 长的墙段和Ⓑ轴线上①～③轴间 2.6m 长的墙段，分别作为纵向承重墙和纵向自承重墙的不利墙段的代表，它们承受的地震力相对较大或竖向压应力相对较小。为了叙述方便，分别赋予编号 $r = 1, 2$。

（2）剪力分配方案

具体工作分两大步：先将各楼层总的纵向水平地震剪力按着同层各纵墙的整体等效侧移刚度的比例分配到每道纵墙上；然后再将代表墙段所在的墙体的剪力按着同墙内各墙段的侧移刚度的比例分配到每个墙段上。

（3）纵墙整体等效侧移刚度计算

纵向墙体的整体等效侧移刚度采用"墙带法"计算；墙体中各基本墙段的侧移刚度可根据其高宽比情况确定相应的计算方法。具体的计算原则和公式请参考本书相关章节。

仅以首层Ⓐ轴墙刚度 $K_Ⓐ^1$ 为例说明等效侧移刚度的计算方法。

此墙的开洞及墙体划分情况如图 5-9 所示。以门厅为界，分为刚度相等的左、右两大墙段；每一大墙段分 1、2、3 三条上下分布的墙带。

①基本墙段的刚度：

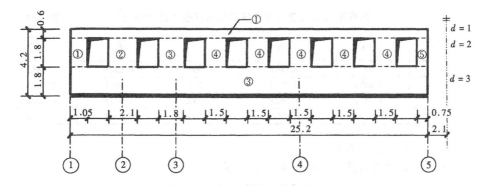

图 5-9　首层Ⓐ轴墙

$$\rho_{11} = \frac{0.6}{25.2} = 0.024, K_{11} = \frac{0.36E}{3 \times 0.024} = 5.000E$$

$$\rho_{12} = \frac{1.8}{1.05} = 1.714, K_{12} = \frac{0.36E}{1.714^3 + 3 \times 1.714} = 0.035E$$

$$\rho_{22} = \frac{1.8}{2.1} = 0.857, K_{22} = \frac{0.36E}{3 \times 0.857} = 0.140E$$

$$\rho_{32} = \frac{1.8}{1.8} = 1.000, K_{32} = \frac{0.36E}{1^3 + 3 \times 1} = 0.090E$$

$$\rho_{42} = \frac{1.8}{1.5} = 1.200, K_{42} = \frac{0.36E}{1.2^3 + 3 \times 1.2} = 0.068E$$

$$\rho_{52} = \frac{1.8}{0.75} = 2.400, K_{52} = \frac{0.36E}{2.4^3 + 3 \times 2.4} = 0.017E$$

$$\rho_{13} = \frac{1.8}{25.2} = 0.071, K_{13} = \frac{0.36E}{3 \times 0.071} = 1.690E$$

②各条墙带的刚度：

上部墙带：$K_1 = K_{11} = 5.000E$

中部墙带：

$$K_2 = K_{12} + K_{22} + K_{32} + 5K_{42} + K_{52}$$
$$= (0.035 + 0.140 + 0.090 + 5 \times 0.068 + 0.017)E$$
$$= 0.622E$$

下部墙带：$K_3 = K_{31} = 1.690E$

③墙体整体等效侧移刚度：

$$K_A^1 = 2\left(\frac{1}{K_1} + \frac{1}{K_2} + \frac{1}{K_3}\right)^{-1} = 2\left(\frac{1}{5.000} + \frac{1}{0.622} + \frac{1}{1.690}\right)^{-1}E = 0.834E$$

其他各部分刚度计算（略）

该建筑纵墙侧移刚度的汇总及楼层纵向总刚度的计算结果列于表 5-19。

纵墙刚度的汇总与楼层纵向总刚度的计算（kN/m）　表 5-19

层　　次	K_A	K_B	K_C	K_D	$K_i = \sum\limits_{j=A}^{D} K_j$
4	$0.698E$	$0.796E$	$0.796E$	$0.698E$	$2.988E$
3	$0.698E$	$0.796E$	$0.796E$	$0.698E$	$2.988E$
2	$1.047E$	$1.199E$	$1.199E$	$1.047E$	$4.492E$
1	$0.834E$	$0.999E$	$0.999E$	$0.956E$	$3.788E$

（4）纵墙的地震剪力

纵墙的地震剪力计算与结果列于表 5-20。

纵墙的地震剪力（kN）计算　表 5-20

层次	楼层剪力	K_A/K_i	K_B/K_i	K_C/K_i	K_D/K_i	V_A	V_B	V_C	V_D
4	848	0.234	0.266	0.266	0.234	198	226	226	198
3	1842	0.234	0.266	0.266	0.234	431	490	190	431
2	2522	0.233	0.267	0.267	0.233	588	673	673	588
1	2890	0.220	0.264	0.264	0.252	636	763	763	728

（5）代表墙段的地震剪力

代表墙段的地震剪力计算结果列于表 5-21。

代表墙段的地震剪力计算　表 5-21

段号	层次	墙段刚度 (kN/m)	所属墙带的刚度 (kN/m)	分配系数	所属墙体的剪力 (kN)	墙段剪力 (kN)
1	4	$0.045E$	$0.980E$	0.046	198	9.11
	3	$0.045E$	$0.980E$	0.046	431	19.83
	2	$0.068E$	$1.470E$	0.046	588	27.05
	1	$0.068E$	$1.470E$	0.046	636	29.26
2	4	$0.057E$	$0.444E$	0.128	226	28.93
	3	$0.057E$	$0.444E$	0.128	490	62.72
	2	$0.085E$	$0.666E$	0.128	673	86.14
	1	$0.085E$	$0.666E$	0.128	763	97.66

墙段截面抗震受剪承载力验算与横墙的验算原则和方法相同。（略）

第二节　多层钢筋混凝土框架结构

钢筋混凝土框架结构是由钢筋混凝土梁、钢筋混凝土柱等构件通过钢筋混凝土节点连接而成的。由于这种结构平面布置灵活，能够满足生产和使用所提出的室内大空间的要求，所以在房屋建筑中得到广泛应用。

从抗震的角度来讲，钢筋混凝土框架结构（尤其是全现浇框架结构）的抗震性能要比同等条件下的砌体结构好得多。但框架结构抗侧移刚度较小，地震作用下结构的侧向位移较大，容易引起非结构构件的破坏，故其应用范围也受到了一定限制，一般仅适于多层的、体型比较规则的、质量和刚度都比较匀称的建筑物。

《抗震规范》要求，钢筋混凝土结构必须设计成延性结构。只有结构具有合理的刚度、足够的承载力以及较强的变形能力，才能真正实现"小震不坏、中震可修、大震不倒"的抗震设防目标。钢筋混凝土框架结构也必须进行延性设计——通过合理地结构布置，严格地抗震计算，以及周密地抗震措施采取，将框架设计成延性框架，以保障、提高框架结构的抗震性能。

一、震害分析

历次地震震害调查表明，现浇钢筋混凝土多层框架结构具有比较好的抗震性能。如能采用合理的建筑结构方案，进行合理地抗震设计，在遭遇中等烈度的地震时，一般均可以达到"裂而不倒"的要求。然而，由于场地、地基、建筑设计方案、构造和施工等方面的原因，特别是未经抗震设防的建筑，在遭遇强烈地震时，框架结构也存有比较严重的震害。为了重点突出，这里仅将由于结构自身的原因所引起的震害分析如下。

1. 因建筑设计方案不当和建筑结构不规则所引起的震害

（1）建筑方面

平面形状复杂的、立面凹进凸出严重的建筑物破坏率显著高于平、立面均比较规则的建筑物。这是因为：具有复杂平面的建筑物在地震作用下势必产生扭转效应和应力集中，而立面凹凸的建筑物则会因质量、刚度的突变而形成薄弱层。

为了避免或减小建筑物由于体型复杂而引起的震害，通常考虑设置防震缝。但当防震缝设置不当（如缝宽不够）时，相邻建筑物易发生相互碰撞，反使震害更为严重。

房屋的高宽比过大，也是引起建筑物严重震害的原因之一。当高宽比过大时，水平地震作用会使建筑物产生很大的倾覆力矩，致使建筑物底层框架柱因存有巨大的压力或拉力而发生剪压或受拉的脆性破坏，进而引起房屋的整体倒塌。

（2）结构方面

这是由于结构中主要抗侧力构件的平、立面布置不合理而引起的。在平面上，如果抗侧力构件的布置不均匀、对称，造成结构平面的质量中心与刚度中心不重合，就会引起扭转效应和应力集中；在立面上，往往由于抗侧力构件的数量、断面尺寸及材料发生急剧变化，造成较大的应力集中和塑性变形集中，导致形成结构的薄弱部位、薄弱层而极易破坏。

2. 结构主体的震害

未经抗震设防的框架结构的震害主要反映在节点区及其周边构件上。通常柱的震害要重于梁，柱顶的震害要重于柱底，角柱的震害要重于内柱，短柱的震害要重于一般柱。

(1) 框架柱

柱端剪切破坏。上、下柱端出现水平的、斜向的或交叉的裂缝，混凝土局部压溃，柱端形成塑性铰，甚至有的混凝土剥落、箍筋外鼓崩断、柱筋屈曲。这是节点处柱端弯矩、剪力比较大，处于一种极不合理的受力状态，当箍筋配置不当时，箍筋的约束作用不强的缘故。

柱身破坏。多出现交叉斜裂缝，同时有箍筋屈服或崩断现象，这是由剪扭复合作用所引起的，属于剪切破坏；也存在混凝土被压碎和纵筋外鼓现象，这是由过大的轴力所引起的，属于受压破坏。

角柱破坏。由于双向受弯、受剪，加上扭转作用和水平方向所受的约束较小，故角柱的震害一般均比内柱重得多。有的会上、下柱身错位、纵筋拔出。

短柱破坏。当柱高小于4倍的柱截面高度时，即为短柱。短柱刚度大，其分担的地震剪力也大，使之易发生脆性的剪切破坏。

(2) 框架梁

框架梁的震害多发生在梁的两端。在水平地震的反复作用下，梁端会产生变号弯矩和剪力，而且其值一般都比较大。当截面承载力不足时，将产生上下贯通的垂直裂缝和交叉斜裂缝，使此处出现塑性铰，最终破坏。

(3) 节点区

在反复的水平地震作用下，节点区的受力十分复杂，往往处于剪压复合状态。若核心区内约束箍筋太少，节点区会产生对角方向的斜裂缝，混凝土被剪碎、剥落，柱纵筋压屈外鼓；若梁的纵筋锚固长度不够，还会出现梁纵筋拔出、混凝土被拉裂的现象。

3. 填充墙的震害

框架的填充墙通常采用砌体材料，其相对刚度很大，所吸收的地震力也较大。但砌体本身的抗剪、抗拉强度都很低，其整体性和变形能力又很差，所以很容易破坏，出现斜裂缝和沿柱周边的裂缝。另一方面，若墙与柱连接不当，也有可能使框架柱成为短柱，导致柱发生脆性的剪切破坏，对结构非常不利。

二、抗震设计的一般要求

总结国内外大量震害经验，结合近几年来试验研究、理论分析和工程实践等方面的成果，针对钢筋混凝土结构，我国现行的《抗震规范》提出了达到"三水准"设防目标的若干规定，其中与框架结构设计有关的部分条文可简述如下：

1. 房屋的最大高度

在地震区建造多、高层钢筋混凝土房屋，如果不考虑结构类型和设防烈度，而将房屋设计得过高，房屋的适用性和经济性就会有所降低。框架结构属于柔性结构，强震作用下的结构侧移比较大，易使非结构构件发生破坏，故而其高度更不能过大。《抗震规范》在考虑了场地影响、使用要求及经济效果的基础上，明确规定了现浇钢筋混凝土框架结构房屋的最大适用高度——当设防烈度为 6、7、8、9 度时，分别为 60、55、45 和 25m；对于平面和竖向均不规则的结构或建于 Ⅳ 类场地的建筑，其适用高度一般应降低 20%。

2. 房屋的最大高宽比

房屋的高宽比大，水平地震作用所产生的倾覆力矩就会很大。过大的倾覆力矩会使结构产生较大的侧移而危及其稳定性，同时还会使结构底部框架柱产生较大的附加轴力而降低其延性。为避免此类问题，宜对房屋的高宽比适当限制，框架结构一般控制在 4~5 以下。

3. 结构的抗震等级

抗震等级是确定结构构件抗震分析及抗震措施的宏观控制标准。在设防烈度与场地类别均相同的条件下，随着结构类型和房屋高度的不同，结构所具有的和所需要的抗震能力也不同。为使抗震设计更为经济合理，就需要事先确定结构的抗震等级，以此决定结构的抗震计算和抗震构造的要求。为此，《抗震规范》规定：

（1）钢筋混凝土房屋应根据烈度、结构类型和房屋高度采用不同的抗震等级，并应符合相应的抗震计算和抗震构造措施要求。丙类建筑的抗震等级按表 5-22 确定。

现浇钢筋混凝土房屋的抗震等级　　　　　　　　　　表 5-22

结 构 类 型	烈　　　　度						
	6		7		8		9
高度（m）	≤30	>30	≤30	>30	≤30	>30	≤25
框　　　架	四	三	三	二	二	一	一
剧场、体育馆等大跨度公共建筑	三		二		一		一

注：1. 本表仅给出纯框架部分的规定，其他情况需按《抗震规范》原表执行；

2. 建筑场地为 Ⅰ 类时，除 6 度外，可按表内降低 1 度所对应的抗震等级采取抗震构造措施，但相应的计算要求不应降低；

3. 接近或等于高度分界线时，应允许结合房屋不规则程度及场地、地基条件确定抗震等级。

（2）当裙房与主楼相连时，裙房的抗震等级除按本身确定外，尚应不低于主楼的抗震等级，主楼结构在裙房顶层及相邻上、下各一层处应适当加强其抗震构造措施。

（3）对于存有地下室的结构，当地下室顶板作为上部结构的嵌固部位时，地下第一层的抗震等级应与上部结构相同，地下其余部分可根据具体情况采用三级或更低级；地下室中无上部结构的部分，可根据具体情况采用三级或更低级。

（4）抗震设防类别为甲、乙、丁类的建筑，应根据用于确定各类建筑的抗震设防标准的烈度按表 5-22 确定其抗震等级。

4. 防震缝的设置

考虑到缝的设置会给设计、施工及使用带来许多麻烦，多层和高层钢筋混凝土结构房屋，特别是高层房屋，宜避免采用不规则的建筑结构方案而尽量不设缝；只有当房屋平、立面极不规则或结构刚度截然不同时，才须设置必要的防震缝。当设置防震缝时，缝的两侧应布置承重结构，并考虑在缝两侧房屋的尽端沿房屋全高设置垂直于防震缝的抗撞墙。框架结构的防震缝宽度要足够，应遵循下列规定：

（1）房屋高度在 15m 以下取为 70mm。

（2）房屋高度超过 15m 时：

6 度时，高度每增加 5m，缝宽宜增加 20mm；

7 度时，高度每增加 4m，缝宽宜增加 20mm；

8 度时，高度每增加 3m，缝宽宜增加 20mm：

9 度时，高度每增加 2m，缝宽宜增加 20mm。

5．建筑造型与结构布置的问题

随着多、高层建筑的迅速发展，人们对建筑物的使用性能和建筑造型的要求也越来越高，各种平、立面形式和各种质量、刚度分布情况的建筑不断涌现，这就给结构的抗震设计带来新的困难，因为这类建筑会不可避免地产生不易解决的扭转及应力集中问题。为了同时满足建筑设计多样化与结构抗震设计简捷化的要求，《抗震规范》对规则建筑提出了具体标准，希望建筑师和结构师在选择建筑造型、进行结构布置时尽可能符合这些要求，以使结构的抗震设计工作尽量减少。否则，就不得不进行严格地抗震设计计算，才能保证结构的安全性。《抗震规范》关于规则建筑所提出的建筑、结构方面的具体标准包括如下几个关键点：

（1）建筑平面和抗侧力结构的平面布置宜规则、对称。

（2）建筑立面和竖向剖面宜规则，结构的侧向刚度宜均匀一致。

（3）竖向抗侧力结构的截面尺寸和材料宜一致或缓变，避免刚度和承载力的突变。

对于框架结构，除了上述大的原则以外，《抗震规范》还特别指出：

（1）框架柱网布置宜简单、规整，抗侧力构件宜均匀、对称。

（2）宜设计成双向框架体系，以保证房屋两个方向上的刚度和整体性均能得到满足。

（3）柱截面不宜过小；梁、柱轴线宜重合；尽量不要出现复式框架。

（4）宜采用轻质墙或与柱柔性连接的墙板作为填充墙。

（5）加强楼屋盖的整体性和整体刚度，保证水平力的合理传递；提倡采用现浇楼屋盖。

（6）框架结构可用柱下单独基础，但必要时应考虑设置基础连系梁。

6．材料要求

（1）混凝土强度等级

设防烈度为 9 度和 8 度时，分别不宜超过 C60 和 C70；一级抗震时不应低于 C30，二、三级抗震时不应低于 C20。

（2）钢筋

宜优先选用延性、韧性和可焊性较好的钢筋；纵筋宜采用 HRB335 级和 HRB400 级热轧钢筋；箍筋宜采用 HPB235 级、HRB335 级和 HRB400 级热轧钢筋。

（3）填充墙

砌筑砂浆的强度等级不应低于 M5。

三、框架结构的荷载

1. 荷载种类与计算原则

与其他结构一样，作用在框架结构上的荷载无外乎有两大类——竖向荷载和水平荷载。房屋屋面上的雪荷载、积灰荷载以及楼屋面上的使用（活）荷载属于竖向荷载；风荷载和水平地震作用属于水平荷载。对于多层房屋，通常认为竖向的地震作用影响很小，可以不予考虑。结构的竖向荷载和风荷载的计算分析可按常规方法来进行，而水平地震作用则需按下述的原则和方法进行计算：

2. 框架结构水平地震作用的计算

（1）一般原则

一般情况下，应在结构的两个主轴方向上分别考虑结构的水平地震作用并进行抗震验算；各方向的水平地震作用主要由该方向上的抗侧力构件来分担。除质量、刚度分布明显不均称的结构应考虑双向水平地震作用下的扭转以外，其他情况下的结构扭转效应可采用调整不考虑扭转时的地震效应的方法来解决。

建筑结构的水平地震作用，应根据其规则程度、高度情况及变形特征选取不同的计算方法。多层钢筋混凝土框架结构的高度一般均不会超过 40m，其质量、刚度沿高度分布比较均匀，结构的变形主要以剪切变形为主，其水平地震作用可以采用底部剪力法进行计算。

（2）底部剪力法

此法本书前面已作详细介绍，这里仅针对框架结构补充、强调几点：

①由于结构纵、横两个方向上的质量或刚度不一定相同，故地震作用需要分向计算。

②结构基本周期可用顶点位移法计算；填充墙影响系数视情况在 0.6～0.8 间取值。

③结构的附加水平地震作用必须作用于结构主体的顶部而不是突出层。

④对于突出屋面的屋顶间、女儿墙等，其地震效应宜扩大 3 倍，但扩大部分并不下传。

⑤当计算出结构的地震剪力之后，尚需检验是否满足如下条件，否则应进行

调整：

$$V_i > \lambda \sum_{j=i}^{n} G_j \qquad (5\text{-}31)$$

式中　V_i——结构第 i 层的楼层地震总剪力；

　　　G_j——结构第 j 层的重力荷载代表值；

　　　λ——剪力系数，按《抗震规范》表 5.2.5 的规定取值。

四、框架结构内力计算的简化方法

1. 竖向荷载作用下的内力计算

框架结构在竖向荷载作用下的内力计算，可采用二次力矩分配法或分层法进行简化计算，相应的原理和方法可参阅相关结构力学文献，这里不再展开。

2. 水平地震作用下的内力计算

通常采用 D 值法，其计算步骤和要领如下：

（1）计算每层各柱的侧移刚度 D

$$D = \alpha \frac{12 k_c}{h_c^2} \qquad (5\text{-}32)$$

式中　k_c——柱的线刚度，$k_c = E_c I_c / h_c$；

　　　h_c——柱的高度，一般可取层高 h；

　　　E_c——混凝土的强度等级；

　　　I_c——柱计算方向上的横截面惯性矩；

　　　α——梁、柱节点转角影响系数，按表 5-23 计算确定。

梁柱节点转角影响系数 α 　　　　　　　　　　　　表 5-23

层　别	计　算　简　图		K	α
	边　柱	中　　柱		
一般层	k_2 ⊥ k_4	k_1　k_2 ⊥ k_3　k_4	$K = \dfrac{k_1 + k_2 + k_3 + k_4}{2 k_c}$	$\alpha = \dfrac{K}{2 + K}$
底　层	k_2 ⊥	k_1　k_2 ⊥	$K = \dfrac{k_1 + k_2}{k_c}$	$\alpha = \dfrac{0.5 + K}{2 + K}$

注：1. k_1、k_2、k_3、k_4 分别为柱上端左、右侧梁和柱下端左、右侧梁的线刚度，均按 $E_c I_b / L$ 计算，L 是梁的跨度；

　　 2. $I_b = 1.5 I_0$（单侧有楼板），$2.0 I_0$（两侧有楼板），考虑了楼板的有利作用；I_0 为梁的矩形横截面惯性矩。

（2）计算各层的层间侧移刚度 D_i

$$D_i = \sum_{k=1}^{m} D_{ik} \qquad (5\text{-}33)$$

式中　D_{ik}——结构第 i 层中第 k 根柱的单柱侧移刚度；

　　　m——同层内柱的总根数。

（3）计算各柱的地震剪力 V_{ik}

$$V_{ik} = \frac{D_{ik}}{D_i} V_i \qquad (5\text{-}34)$$

式中　V_i——第 i 层的总地震剪力。

（4）确定各柱的反弯点高度比 y

$$y = y_0 + y_1 + y_2 + y_3 \qquad (5\text{-}35)$$

式中　y_0——柱的标准反弯点高度比；

　　　y_1——考虑柱下、下端横梁线刚度变化时柱反弯点高度比的修正系数；

　　　y_2——考虑上层层高与本层层高不同时的柱反弯点高度比的修正系数；

　　　y_3——考虑下层层高与本层层高不同时的柱反弯点高度比的修正系数。

（5）计算各柱的柱端弯矩

第 i 层第 k 根柱的上、下端弯矩可按下式计算：

$$\begin{cases} M_{\mathrm{t}} = V_{ik}(1-y)h \\ M_{\mathrm{b}} = V_{ik}yh \end{cases} \qquad (5\text{-}36)$$

式中　M_{t}——柱上端端部弯矩；

　　　M_{b}——柱下端端部弯矩。

（6）计算各梁的梁端弯矩

节点左、右梁的梁端弯矩可按梁线刚度的比例对节点处上、下柱端弯矩之和分配而得：

$$\begin{cases} M_l = \dfrac{k_l}{k_l + k_{\mathrm{r}}} \Sigma M_{\mathrm{c}} \\[2mm] M_r = \dfrac{k_{\mathrm{r}}}{k_l + k_{\mathrm{r}}} \Sigma M_{\mathrm{c}} \end{cases} \qquad (5\text{-}37)$$

式中　M_l——节点左侧梁的右端梁端弯矩；

　　　M_r——节点右侧梁的左端梁端弯矩；

　　　k_l——节点左侧梁的线刚度；

　　　k_r——节点右侧梁的线刚度；

　　　ΣM_c——节点处上、下柱的柱端弯矩之和。

（7）计算各梁的梁端剪力

根据梁的平衡条件，可有梁端剪力计算公式：

$$V_l = V_r = \frac{M_l + M_r}{L_b} \qquad (5\text{-}38)$$

式中　V_l——梁左端剪力；

　　　V_r——梁右端剪力；

　　　M_l——梁左端的梁端弯矩；

　　　M_r——梁右端的梁端弯矩。

（8）计算各柱的轴力

五、框架结构的内力调整与内力组合

1. 内力调整

（1）与考虑活荷载最不利布置问题有关的内力调整

由于考虑活荷载最不利布置的内力计算量太大，故一般不考虑活荷载的最不利布置，而采用"满布荷载法"进行内力分析。这样所求得的结果与按考虑活荷载最不利布置所求得的结果相比，在支座处极为接近，在梁跨中则明显偏低。因此，应对梁在竖向活荷载作用下的按不考虑活荷最不利布置所计算出的跨中弯矩进行调整，通常乘以 1.1~1.2 的系数。

（2）竖向荷载作用下的梁端弯矩调幅

现浇钢筋混凝土框架结构在竖向荷载作用下，可以考虑塑性内力重分布而对梁端负弯矩进行调幅，降低支座负弯矩以减少梁端和节点处钢筋拥挤现象。调幅系数一般取 0.8~0.9，相应的跨中弯矩应乘以 1.1~1.2 的系数。此项工作必须在内力组合之前完成。

2. 内力组合与控制截面的控制内力

在各单项荷载作用下的框架内力标准值求出并作了上述整体调整之后，需要对它们进行合理地组合，找出结构中各个构件的控制截面及其相应的控制内力，以便构件截面设计。

在地震区进行结构设计，需要考虑如下两大类内力组合；前者用于结构的非抗震设计，后者用于结构的抗震设计，设计的最终方案将取决于其中最不利者。

- 永久荷载效应与可变荷载效应的组合
- 地震作用效应与重力荷载效应的组合

下面给出不考虑风荷载参与组合时，框架梁、框架柱的内力组合及控制截面内力：

（1）框架梁

框架梁通常选两端支座内边缘处的截面和跨中截面作为控制截面。

梁端负弯矩，应考虑以下三种组合，并选取不利组合值，取以下公式绝对值较大者：

$$M = 1.3M_{EK} + 1.2M_{GE} \tag{5-39}$$

$$M = 1.2M_{GK} + 1.4M_{QK} \tag{5-40}$$

$$M = 1.35M_{GK} + 0.98M_{QK} \tag{5-41}$$

梁端正弯矩按下式确定：

$$M = 1.3M_{EK} - 1.0M_{GE} \tag{5-42}$$

梁端剪力，取下式较大者：

$$V = 1.3V_{EK} + 1.2V_{GE} \tag{5-43}$$

$$V = 1.2V_{GK} + 1.4V_{QK} \tag{5-44}$$

$$V = 1.35V_{GK} + 0.98V_{QK} \tag{5-45}$$

跨中正弯矩，取下式较大者：

$$M_{中} = 1.3M_{EK} + 1.2M_{GK} \tag{5-46}$$

$$M = 1.2M_{GK} + 1.4M_{QK} \tag{5-47}$$

$$M = 1.35M_{GK} + 0.98M_{QK} \tag{5-48}$$

式中　M_{EK}——由地震作用在梁内产生的弯矩标准值；

$\qquad M_{GE}$——由重力荷载代表值在梁内产生的弯矩标准值；

$\qquad M_{GK}$——由恒载在梁内产生的弯矩标准值；

$\qquad M_{QK}$——由活载在梁内产生的弯矩标准值；

$\qquad V_{EK}$——由地震作用在梁内产生的剪力标准值；

$\qquad V_{GE}$——由重力荷载代表值在梁内产生的剪力标准值；

$\qquad V_{GK}$——由竖向恒载在梁内产生的剪力标准值；

$\qquad V_{QK}$——由竖向活载在梁内产生的剪力标准值。

(2) 框架柱

通常选上梁下边缘处的柱截面和下梁上边缘处的柱截面作为框架柱的控制截面，因为这些截面的弯矩最大。由于框架柱一般是偏心受力构件，而且通常为对称配筋，故其同一截面的控制弯矩和轴力应同时考虑以下四组，分别配筋后选用最多者作为最终配筋方案。

$|M|_{max}$及其相应的 N；

N_{max}及其相应的 M；

N_{min}及其相应的 M；

$|M|$比较大，但 N 比较小或比较大。

框架柱的内力组合

当有地震作用时的组合：

$$M = 1.2M_{GK} \pm 1.3M_{EK} \qquad (5-49)$$

$$N = 1.2N_{GK} \pm 1.3N_{EK} \qquad (5-50)$$

当无地震作用时以可变荷载为主的组合：

$$M = 1.2M_{GK} + 1.4M_{QK} \qquad (5-51)$$

$$N = 1.2N_{GK} + 1.4N_{QK} \qquad (5-52)$$

当无地震作用时以永久荷载为主的组合：

$$M = 1.35M_{GK} + 0.98M_{QK} \qquad (5-53)$$

$$N = 1.35N_{GK} + 0.98N_{QK} \qquad (5-54)$$

式中　N_{GK}——由竖向恒载在梁内产生的轴力标准值；

　　　N_{QK}——由竖向活载在梁内产生的轴力标准值。

其他各符号的意义同前。

3. 梁跨中最大正弯矩 M_{max} 的正确求法

由于地震作用效应与重力荷载效应组合后的梁跨中最大正弯矩 M_{max} 并不一定都在梁的 1/2 跨度截面处，故 M_{max} 应按如下的解析法进行正确求解：

- 将要求解 M_{max} 的梁从框架中隔离出来（不包括其两端支座），得到隔离体；
- 根据静力平衡条件，建立隔离体的任意截面的弯矩函数式 $M(x)$；
- 令 $\dfrac{\mathrm{d}M(x)}{\mathrm{d}x} = 0$，得到 M_{max} 的位置坐标 $x = x_0$；
- $M_{max} = M(x_0)$。

当求水平地震作用效应与均布重力荷载效应组合情况下的 M_{max} 时：

- 梁 AB 的弯矩函数式为：$M(x) = R_A x - \dfrac{1}{2}qx^2 - M_{GE,A} + M_{E,A}$
- 跨中最大正弯矩 M_{max} 的位置：$x_0 = R_A/q$
- 跨中最大正弯矩：$M_{max} = \dfrac{R_A^2}{2q} - M_{GE,A} + M_{E,A}$

式中　x、x_0——相对于梁 A 支座的位置坐标；

　　　q——重力线荷载的设计值；

　　$M_{GE,A}$——由重力荷载所产生的梁 A 端的梁端弯矩设计值；

　　$M_{E,A}$——由地震作用所产生的梁 A 端的梁端弯矩设计值；

　　　R_A——梁 A 端的支座反力设计值，可据力的平衡关系按简支梁求得。

注意：当地震作用方向改变时，其相应的梁端弯矩均需变号；若 $x_0 > l$ 或 $x_0 < 0$，M_{max} 应取用梁支座处正弯矩的最大值；按本方法所求出的 M_{max} 已是设计值。

六、框架结构的抗震验算

如前所述，钢筋混凝土框架结构抗震设计的关键是延性设计。为了将框架结构设计成延性结构，就必须合理地设计梁、柱及其节点，防止构件过早地发生脆性破坏，控制构件破坏的先后顺序，加强构件连接及钢筋锚固。因此《抗震规范》规定，在进行框架结构的抗震设计时，必须遵循强柱弱梁、强剪弱弯、强节点强锚固的原则。强柱弱梁、强剪弱弯、强节点强锚固的概念比实际计算还重要！

1. 框架梁的截面抗震验算

框架梁抗震设计时，应遵循"强剪弱弯"的设计原则。梁的塑性铰应出现在梁端截面，并具有足够的变形能力；应保证框架梁先发生延性的弯曲破坏，避免发生脆性的剪切破坏。

（1）正截面承载力抗震验算

梁正截面的抗震承载力应满足下式要求：

$$S \leqslant \frac{R}{\gamma_{RE}} \tag{5-55}$$

式中　S——验算截面的弯矩设计值；

R——结构构件非抗震设计时的受弯承载力设计值。

（2）斜截面承载力抗震验算

①梁端剪力设计值

为了实现"强剪弱弯"，构件的受剪承载力应大于构件弯曲屈服时实际达到的剪力，故一、二、三级的框架梁，其梁端剪力设计值，应符合下式要求：

$$V_b = \eta_{Vb} \frac{M_b^l + M_b^r}{l_n} + V_{Gb} \tag{5-56}$$

一级框架结构及 9 度时，尚应符合下式要求：

$$V_b = 1.1 \frac{M_{bua}^l + M_{bua}^r}{l_n} + V_{Gb} \tag{5-57}$$

式中　V_b——梁端截面的剪力设计值；

l_n——梁的净跨；

V_{Gb}——梁在重力荷载代表值作用下按简支梁分析得到的梁端剪力设计值；

M_b^l、M_b^r——梁左、右端截面逆时针或顺时针方向组合的弯矩设计值*；

M_{bua}^l、M_{bua}^r——梁左、右端截面逆时针或顺时针方向组合的实配受弯承载力**；

η_{Vb}——梁端剪力增大系数，一、二、三级分别取 1.3、1.2 和 1.1。

＊一级框架两端均为负弯矩时，绝对值较小的弯矩应取为零。

＊＊根据实配钢筋面积（计入受压筋）和材料强度标准值确定。

②梁截面尺寸限制

钢筋混凝土结构的梁、柱、抗震墙和连梁，当梁端截面剪压比较大时，可能会产生脆性的斜压破坏，此时即使多配腹筋对梁的抗剪承载力提高也不大，因此应控制梁的截面尺寸不能过小。《抗震规范》要求：

跨高比大于 2.5 时，

$$V_b \leqslant \frac{1}{\gamma_{RE}}(0.20f_c b_b h_{b0}) \tag{5-58}$$

跨高比不大于 2.5 时，

$$V_b \leqslant \frac{1}{\gamma_{RE}}(0.15f_c b_b h_{b0}) \tag{5-59}$$

式中　f_c——混凝土轴心抗压强度设计值；

　　　b_b——梁截面宽度；

　　　h_{b0}——梁截面有效高度。

③斜截面承载力验算

对于一般情况下的矩形、T 形和工字形截面梁，其斜截面承载力验算公式为：

$$V_b \leqslant \frac{1}{\gamma_{RE}}\left(0.42f_t b_b h_{b0} + 1.25f_{yv}\frac{A_{sv}}{s}h_{b0}\right) \tag{5-60}$$

式中　f_{yv}——箍筋的抗拉强度设计值；

　　　A_{sv}——箍筋的截面面积。

2. 框架柱的截面抗震验算

框架柱抗震设计时，应遵循"强柱弱梁"、"强剪弱弯"的设计原则，避免或推迟柱端产生塑性铰以形成合理的结构破坏机制，防止柱构件过早地发生脆性的剪切破坏。

（1）正截面承载力抗震验算

①柱端弯矩设计值

根据"强柱弱梁"原则确定。

一、二、三级框架的梁柱节点处的柱端弯矩设计值，应符合下式要求：

$$\sum M_c = \eta_c \sum M_b \tag{5-61}$$

一级框架结构及 9 度时，尚应符合下式要求：

$$\sum M_c = 1.2\sum M_{bua} \tag{5-62}$$

式中　$\sum M_c$——节点上、下柱端截面逆时针或顺时针方向组合的弯矩设计值之和；

　　　$\sum M_b$——节点左、右梁端截面逆时针或顺时针方向组合的弯矩设计值之和[*]；

　　　$\sum M_{bua}$——节点左、右梁端截面逆时针或顺时针方向实配受弯承载力之和[**]；

η_c——柱端弯矩增大系数，一、二、三级分别取 1.4、1.2 和 1.1。

＊一级框架节点左、右两端均为负弯矩时，绝对值较小一端的弯矩应取为零。

＊＊根据实配钢筋面积（计入受压筋）和材料强度标准值确定。

确定柱端设计弯矩时，应注意以下几点：

● 若反弯点位置超层，柱端弯矩设计值可由内力组合的结果直接乘以增大系数而得；

● 顶层柱的柱端弯矩设计值可直接取用地震组合下的弯矩设计值；

● 轴压比小于 0.15 的柱及四级抗震时，柱端弯矩设计值取法同顶层柱；

● 上、下柱端的弯矩设计值，可按弹性分析方法对 ΣM_c 分配而得；

● 对一、二、三级的底层，柱下端弯矩设计值尚应乘以增大系数 1.5、1.25 和 1.15；

● 对一、二、三级框架的角柱，经上述调整后，尚应乘以不小于 1.10 的增大系数。

②柱正截面承载力验算

原则同梁。计算时，截面弯矩设计值应取用经过以上各项调整后的值。

（2）斜截面承载力抗震验算

①柱端剪力设计值

同梁一样，需按"强剪弱弯"原则确定之。

一、二、三级的框架柱，其柱端剪力设计值，应符合下式要求：

$$V_c = \eta_{Vc} \frac{M_c^b + M_c^t}{H_n} \tag{5-63}$$

一级框架结构及 9 度时，尚应符合下式要求：

$$V_c = 1.2 \frac{M_{cua}^b + M_{cua}^t}{H_n} \tag{5-64}$$

式中　V_c——柱端剪力设计值；

H_n——柱的净高；

M_c^t、M_c^b——上、下端顺时针或逆时针方向组合的弯矩设计值，应经上述各项调整；

M_{cua}^t、M_{cua}^b——上、下端顺时针或逆时针方向组合的实配受弯承载力＊；

η_{Vc}——柱剪力增大系数，一、二、三级分别取 1.4、1.2 和 1.1。

＊根据实配钢筋面积、材料强度标准值和轴压力确定。

②柱截面尺寸限制

为了防止因剪压比过大而发生脆性破坏，柱的截面尺寸也必须加以控制。

当剪跨比大于 2 时，

$$V_c \leqslant \frac{1}{\gamma_{RE}}(0.20 f_c b_c h_{c0}) \tag{5-65}$$

当剪跨比不大于 2 时，

$$V_c \leqslant \frac{1}{\gamma_{RE}}(0.15 f_c b_c h_{c0}) \tag{5-66}$$

式中　b_c——柱截面宽度；

　　　h_{c0}——柱截面有效高度。

③斜截面承载力验算

$$V_c \leqslant \frac{1}{\gamma_{RE}}\left(\frac{1.05}{\lambda + 1}f_t b_c h_{c0} + f_N \frac{A_{sv}}{s}h_{c0} + 0.056N\right) \tag{5-67}$$

式中　λ——柱剪跨比；

　　　N——与设计剪力相应的轴压力。

3. 框架节点核心区的抗震验算

为实现"强节点、强锚固"的设计要求，一、二级框架节点必须进行抗震验算。

（1）节点核心区组合剪力设计值

$$V_j = \eta_{jb}\frac{\Sigma M_b}{h_{b0} - a_s'}\left(1 - \frac{h_{b0} - a_s'}{H_c - h_b}\right) \tag{5-68}$$

一级框架结构及 9 度时，尚应符合下式要求：

$$V_j = 1.15\frac{\Sigma M_{bua}}{h_{b0} - a_s'}\left(1 - \frac{h_{b0} - a_s'}{H_c - h_b}\right) \tag{5-69}$$

式中　V_j——梁柱节点核心区剪力设计值；

　　　H_c——柱的计算高度；

　　　h_{b0}——梁截面的有效高度，节点两侧不等时可取平均值；

　　　h_b——梁截面高度，节点两侧不等时可取其平均值；

　　　ΣM_b——节点左、右梁逆时针或顺时针方向截面组合的弯矩设计值之和*；

　　　ΣM_{bua}——节点左、右梁端逆时针或顺时针方向组合的实配受弯承载力之和**；

　　　η_{jb}——节点核心区剪力增大系数，一、二级分别取 1.35、和 1.20。

* 一级框架节点左、右梁端均为负弯矩时，绝对值较小的弯矩应取为零。

** 根据实配钢筋面积（考虑受压钢筋）和材料强度标准值确定。

（2）节点核心区截面有效宽度

当梁截面宽度不小于柱截面宽度的 1/2 时，可按下面的第一式计算取值；当梁截面宽度小于柱截面宽度的 1/2 时，按下面的第一、二式计算，然后取其较小值；当梁、柱中线不相重合且偏心距 $e > 1/4 b_c$ 时，按下面的三式计算，然后取其较小值。

$$\begin{cases} b_j = b_c \\ b_j = b_b + 0.5 h_c \\ b_j = 0.5(b_b + b_c) + 0.25 h_c - e \end{cases} \tag{5-70}$$

式中　b_c——柱截面宽度，圆形截面柱直径的 0.8 倍；

　　　h_c——验算方向柱截面高度；

　　　b_b——梁截面宽度；

　　　e——梁与柱中线偏心距。

（3）节点核心区的截面抗震验算

$$V_j \leqslant \frac{1}{\gamma_{RE}} \left(1.1 \eta_j f_t b_j h_j + 0.05 \eta_j N \frac{b_j}{b_c} + f_{yv} A_{svj} \frac{h_{b0} - a'_s}{s} \right) \tag{5-71}$$

9 度时，
$$V_j \leqslant \frac{1}{\gamma_{RE}} \left(0.9 \eta_j f_t b_j h_j + f_{yv} A_{svj} \frac{h_{b0} - a'_s}{s} \right) \tag{5-72}$$

式中　h_j——节点核心区的截面高度，可取采用验算方向柱截面高度；

　　　N——对应于组合剪力设计值的上柱组合轴力设计值；

　　　A_{svj}——核心区有效验算宽度范围内同一截面验算方向箍筋的总截面面积。

4. 框架结构的抗震变形验算

框架结构的抗震变形验算包括弹性变形和弹塑性变形验算，其方法见前面相关章节。

七、框架结构的抗震构造措施

由于影响地震作用和结构承载能力的因素十分复杂，地震破坏的机理尚不十分清楚，故结构设计中的地震作用、地震作用效应以及承载力的计算是相当近似的。为了从总体上来保障、提高工程结构的抗震能力，就必须重视概念设计，充分合理地采取抗震构造措施。对于钢筋混凝土框架结构而言，其关键在于做好梁、柱及其节点的构造设计。

1. 框架梁

（1）截面尺寸要求

截面的宽度不宜小于 200mm，且不宜小于柱宽的 1/2；截面的高宽比不宜大于 4；净跨与截面高度之比不宜小于 4。

当采用梁宽大于柱宽的扁梁时，楼板应现浇，梁中线宜与柱中线重合，扁梁宜双向布置，且不宜用于一级框架结构；扁梁的截面尺寸应符合下列要求，并应满足现行有关《抗震规范》对挠度和裂缝宽度的要求：

$$\begin{cases} b_b \leqslant 2 b_c \\ b_b \leqslant b_c + h_b \\ b_b \geqslant 16 d \end{cases} \tag{5-73}$$

式中 h_b——梁截面高度；

  d——柱的纵筋直径。

（2）纵筋配置要求

①梁端纵向受拉钢筋的配筋率不应大于 2.5%，且计入受压钢筋后的混凝土受压区高度与截面有效高度之比，一级不应大于 0.25，二、三级不应大于 0.35。

②梁端底、顶纵筋配筋量之比，除按计算外，一级不小于 0.5，二、三级不小于 0.3。

③沿梁全长的顶面和底面纵向钢筋，一、二级不应少于 $2\phi14$ 且分别不应少于梁两端顶面和底面纵向钢筋中较大截面面积的 1/4，三、四级不应少于 $2\phi12$。

④一、二级框架梁内贯通中柱的纵向钢筋直径不宜大于柱在该方向截面尺寸的 1/20；

⑤梁内纵向钢筋的最小锚固长度应按 l_{aE} 取用，l_{aE} 的确定原则为：

一、二级抗震： $l_{aE} = 1.15 l_a$

三级抗震： $l_{aE} = 1.05 l_a$

四级抗震： $l_{aE} = l_a$

式中 l_a——非抗震设计时的纵向受拉钢筋的锚固长度。

⑥梁内纵向钢筋，一级抗震时宜采用机械连接接头；二、三、四级抗震时宜采用机械连接接头，也可采用焊接接头或搭接接头；接头位置宜避开箍筋加密区；位于同一区段内的受力筋接头面积百分率不应超过 50%；当采用搭接接头时，其搭接长度要足够。

（3）箍筋配置要求

①框架梁必须在其两端设置箍筋加密区，加密区的长度、加密区内箍筋最大间距和最小直径应按表 5-24 采用；当纵向受拉钢筋配筋率大于 2% 时，表中直径数值应增大 2mm。

梁端箍筋加密区的长度、箍筋的最大间距和最小直径   表 5-24

抗震等级	加密区长度（采用较大值）（mm）	箍筋最大间距（采用最小值）（mm）	箍筋最小直径（mm）
一	$2h_b$, 500	$h_b/4$, $6d$, 100	10
二	$1.5h_b$, 500	$h_b/4$, $8d$, 100	8
三	$1.5h_b$, 500	$h_b/4$, $8d$, 150	8
四	$1.5h_b$, 500	$h_b/4$, $8d$, 150	6

注：d 为纵筋直径，h_b 梁截面高度。

②加密区箍筋肢距，一级不宜大于 200mm 和 20 倍箍筋直径的较大值，二、三级不宜大于 250mm 和 20 倍箍筋直径的较大值，四级不宜大于 300mm。

③梁全长的配箍率，一级应大于 $0.32f_t/f_{yv}$，二、三级应大于 $0.28f_t/f_{yv}$；非加密区的箍筋最大间距不宜大于搭接筋较小直径的 5 倍，也不应大于 100mm。

2．框架柱

（1）截面尺寸要求

①一般要求

截面宽度和高度均不宜小于 300mm；截面的长边与短边的边长之比不宜大于 3；柱剪跨比宜大于 2。

②柱轴压比的限制

一般情况下，柱轴压比均不应大于 1.05，且不宜超过表 5-25 的规定。

柱 轴 压 比 限 值　　　　　　　　　　表 5-25

结 构 类 型	抗 震 等 级		
	一	二	三
框 架 结 构	0.7	0.8	0.9
框架—抗震墙，板柱—抗震墙，简体	0.75	0.85	0.95
部分框支抗震墙	0.6	0.7	

（2）纵筋配置要求

①宜对称配筋；对截面尺寸大于 400mm 的柱，纵向钢筋的间距不宜大于 200mm。

②柱纵筋总配筋率应不小于表 5-26 的要求，且不应大于 5%；每侧纵筋配筋率不应小于 0.2%，一级且 $\lambda \geqslant 2$ 的柱不宜大于 1.2%；边、角柱纵筋总面积应比计算值增加 25%。

柱截面纵向钢筋的最小总配筋率（%）　　　　　表 5-26

类 别	抗 震 等 级			
	一	二	三	四
中柱和边柱	1.0	0.8	0.7	0.6
角柱、框支柱	1.2	1.0	0.9	0.8

注：采用 HRB400 级热轧钢筋时可减少 0.1，混凝土强度等级高于 C60 时应增加 0.1。

③柱纵筋的锚固和连接要求与梁相同，但应避开弯矩较大的位置和柱端箍筋加密区。

（3）箍筋配置要求

①框架柱也必须在其两端设置箍筋加密区，加密区的范围，应按下列规定采用：

- 一般情况，取截面高度、柱净高的 1/6 和 500mm 三者的最大值；
- 底层柱根处不小于柱净高的 1/3，有刚性地面者尚应考虑地面上、下各 500mm；
- 剪跨比不大于 2 的柱，取柱全高；

- 因设置填充墙等而形成的净高与截面高度之比不大于 4 的柱，取柱全高；
- 一、二级框架的角柱，取柱全高。

②柱箍筋加密区的箍筋最大间距和最小直径，应符合下列要求：

- 一般情况下，应按表 5-27 采用；
- 二级抗震时，若箍筋直径不小于 10mm 且肢距不大于 200mm，除柱根外，柱的箍筋间距可采用 150mm；
- 三级框架柱的截面尺寸不大于 400mm 时，箍筋最小直径可以采用 6mm；
- 四级框架柱剪跨比不大于 2 时，箍筋直径不应小于 8mm；
- 剪跨比不大于 2 的柱，箍筋间距不应大于 100mm。

③柱内的每根纵筋宜在两个方向上有箍筋约束；箍筋的形式应根据截面情况合理选取，一般采用普通箍、复合箍或螺旋箍等。

柱箍筋加密区的箍筋最大间距和最小直径　　　　　　　　表 5-27

抗 震 等 级	箍筋最大间距（采用最小值，mm）	箍筋最小直径（mm）
一	$6d$, 100	10
二	$8d$, 100	8
三	$8d$, 150（柱根 100）	8
四	$8d$, 150（柱根 100）	6（柱根 8）

注：d 为纵筋直径。

④柱箍筋加密区的箍筋肢距，一级不宜大于 200mm，二、三级不宜大于 250mm 和 20 倍箍筋直径的较大值，四级不宜大于 300mm。

⑤柱箍筋加密区的体积配箍率，应符合《抗震规范》的有关要求。

3．节点核心区

抗震框架的节点核心区必须设置足够量的横向箍筋，其最大间距、最小直径宜按柱端加密区的要求取用，或比其要求更高。一、二、三级抗震时，节点核心区的箍筋最小配箍特征值分别不宜小于 0.12、0.10 和 0.08，体积配箍率分别不宜小于 0.6%、0.5% 和 0.4%。

八、框架结构抗震计算实例

某六层轻质混凝土填充墙全现浇钢筋混凝土框架结构，平面布置如图 5-10 所示。结构计算层高 3.6m，柱截面 500mm × 500mm，主梁截面 250mm × 550mm；采用 C30 混凝土、HRB335 级主筋和 HPB235 级箍筋。设防烈度 8 度，设计基本地震加速度值 0.2g；Ⅱ类场地，第二设计地震分组。结构的重力荷载代表值 $G_1 \sim G_5 = 5491$kN、$G_6 = 4609$kN，竖向荷载作用下第③轴框架在恒荷载、活荷载作用下的内力标准值在表 5-38 直接给出，计算从略。要求进行第③轴线框架的抗震计算。

1．抗震设计基本要求检验

房屋高度　$H = 3.6 \times 6 = 21.6$m < 45m，满足要求；

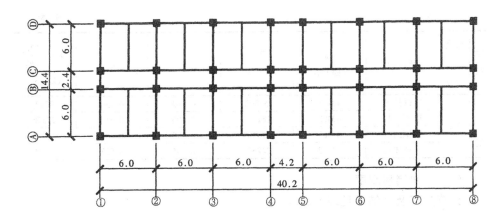

图 5-10 结构平面布置示意图

房屋高宽比 $H/B = 21.6/14.4 = 1.5 < 4$，满足要求；

结构规则程度 满足要求；

结构抗震等级 二级。

2. 结构刚度计算

（1）梁、柱线刚度

柱 $k_c = 3.0 \times 10^7 \times \frac{1}{12} \times 0.50^4/3.6 = 43403 \text{kN} \cdot \text{m}$

边框边跨梁 $k_b = 3.0 \times 10^7 \times 1.5 \times \frac{1}{12} \times 0.25 \times 0.55^3/6.0 = 25996 \text{kN} \cdot \text{m}$

边框中跨梁 $k_b = 3.0 \times 10^7 \times 1.5 \times \frac{1}{12} \times 0.25 \times 0.55^3/2.4 = 64990 \text{kN} \cdot \text{m}$

中框边跨梁 $k_b = 3.0 \times 10^7 \times 2.0 \times \frac{1}{12} \times 0.25 \times 0.55^3/6.0 = 34661 \text{kN} \cdot \text{m}$

中框中跨梁 $k_b = 3.0 \times 10^7 \times 2.0 \times \frac{1}{12} \times 0.25 \times 0.55^3/2.4 = 86654 \text{kN} \cdot \text{m}$

（2）单柱侧移刚度 计算过程及其结果见表 5-28

单柱侧移刚度计算 表 5-28

层别	层高 h_c（m）	柱 别	k_c（kN·m）	Σk_b（kN·m）	K	α	$D = \alpha \dfrac{12 k_c}{h_c^2}$（kN/m）
首层	3.6	边框边柱	43403	25996	0.599	0.423	17000
		边框中柱	43403	90986	2.096	0.643	25841
		中框边柱	43403	34661	0.799	0.464	18647
		中框中柱	43403	121315	2.795	0.687	27609

续表

层别	层高 h_c (m)	柱别	k_c (kN·m)	Σk_b (kN·m)	K	α	$D = \alpha \dfrac{12k_c}{h_c^2}$ (kN/m)
余层	3.6	边框边柱	43403	51992	0.599	0.230	9243
		边框中柱	43403	181972	2.096	0.512	20576
		中框边柱	43403	639322	0.799	0.285	11454
		中框中柱	43403	242630	2.795	0.583	23430

（3）层间侧移刚度

计算过程及其结果见表5-29。

层间侧移刚度计算   表 5-29

层 别	单柱刚度 D_{ij}（kN/m）与根数				$D_i = \sum\limits_j D_{ij}$ (kN/m)
	边框边柱	边框中柱	中框边柱	中框中柱	
首层	17000 (4)	25841 (4)	18647 (12)	27609 (12)	726436
余层	9243 (4)	20576 (4)	11454 (12)	23430 (12)	537884

3．结构基本周期计算

按顶点位移法计算。结构的假想侧移计算过程及其结果见表5-30。

$$T_1 = 1.7\alpha_0 \sqrt{u_n} = 1.7 \times 0.7 \times \sqrt{0.181} = 0.51\text{s}$$

4．多遇横向水平地震作用及其楼层剪力计算

（1）结构总地震作用

根据所给条件查相应表格得 $T_g = 0.40\text{s}$，$\alpha_{max} = 0.16$

$$F_{EK} = 0.85 \left(\frac{T_g}{T_1} \right)^{0.9} \alpha_{max} \Sigma G_i$$

$$= 0.85 \times \left(\frac{0.40}{0.51} \right)^{0.9} \times 0.16 \times (5491 \times 5 + 4609) = 3504\text{kN}$$

结构假想侧移计算   表 5-30

层 次	G_i (kN)	$V_{Gi} = \sum\limits_{k=i}^{n} G_k$ (kN)	D_i (kN/m)	$\Delta u_i = V_{Gi}/D_i$ (m)	$u_i = \sum\limits_{k=1}^{i} \Delta u_k$ (m)
6	4609	4609	537884	0.0009	0.181
5	5491	10100	537884	0.019	0.180
4	5491	15591	537884	0.029	0.161
3	5491	21082	537884	0.039	0.132
2	5491	26573	537884	0.049	0.093
1	5491	32064	726436	0.044	0.044

（2）楼层地震作用和地震剪力

因 $T_1 = 0.51s < 1.4 T_g = 1.4 \times 0.4 = 0.56s$，故 $\Delta F_n = 0$

计算过程及其结果见表 5-31。

楼层地震作用和地震剪力计算　　　　　　　　表 5-31

层次	层高 h_i (m)	高度 H_i (m)	G_i (kN)	G_iH_i (kN·m)	$\beta_i = \dfrac{G_iH_i}{\Sigma G_iH_i}$	$F_i = \beta_iF_{Ek}$ (kN)	$V_i = \sum\limits_{k=i}^{n}F_k$ (kN)
6	3.6	21.6	4609	99554	0.251	880	880
5	3.6	18.0	5491	98838	0.250	876	1756
4	3.6	14.4	5491	79070	0.200	701	2457
3	3.6	10.8	5491	59303	0.150	526	2983
2	3.6	7.2	5491	39535	0.100	350	3333
1	3.6	3.6	5491	19768	0.049	171	3504

（3）楼层地震剪力验算

《抗震规范》要求：$V_{ik} > \lambda \sum\limits_{k=i}^{n}G_k$。

因基本周期小于 3.5s，查《抗震规范》表得 $\lambda = 0.032$。

验算过程及其结论见表 5-32。

5. 多遇横向水平地震作用下的结构侧移验算

采用 D 值法计算侧移

计算、验算过程及其结论见表 5-33。

楼层地震剪力验算　　　　　　　　表 5-32

层次	G_i (kN)	$\sum\limits_{k=i}^{n}G_k$ (kN)	λ	$\lambda\sum\limits_{k=i}^{n}G_k$ (kN)	V_i (kN)	结论
6	4609	4609	0.032	147	880	满足
5	5491	10100	0.032	320	1756	满足
4	5491	15591	0.032	499	2457	满足
3	5491	21082	0.032	675	2983	满足
2	5491	26573	0.032	850	3333	满足
1	5491	32064	0.032	1026	3504	满足

结构横向侧移验算　　　　　　　　表 5-33

层次	h_i (m)	V_i (kN)	D_i (kN/m)	$\Delta u_i = V_i/D_i$ (m)	$u_i = \sum\limits_{k=1}^{n}\Delta u_k$ (m)	$\theta_i = \Delta u_i/h_i$	$[\theta_e]$	结论
6	3.6	880	537884	0.0016	0.0260	1/2250	1/550	满足
5	3.6	1756	537884	0.0033	0.0244	1/1091	1/550	满足
4	3.6	2457	537884	0.0046	0.0211	1/783	1/550	满足
3	3.6	2983	537884	0.0055	0.0165	1/655	1/550	满足
2	3.6	3333	537884	0.0062	0.0110	1/581	1/550	满足
1	3.6	3504	726436	0.0048	0.0048	1/750	1/550	满足

以下所有工作均仅针对第③轴框架进行，其余轴框架的工作与此类同，由读者完成。另外需要声明，在以下反映计算结果的图表中，内力的正负号遵循如下规则：

- 梁的弯矩——以使杆件下侧受拉者为正；
- 柱的弯矩——以使杆件顺时针转动者为正；
- 梁端剪力——以向上者为正；
- 柱的轴力——以压力为正。

6. 多遇横向水平地震作用下的框架内力标准值计算

采用 D 值法计算，其计算过程及其结果见表 5-34 ~ 5-37 及图 5-11、5-12。

地震作用下框架柱柱端弯矩标准值计算 表 5-34

层次	h_i (m)	V_i (kN)	D_i (kN/m)	边 柱						中 柱					
				D_{ik} (kN/m)	V_{ik} (kN)	K	y	M_t (kN·m)	M_b (kN·m)	D_{ik} (kN/m)	V_{ik} (kN)	K	y	M_t (kN·m)	M_b (kN·m)
6	3.6	880	537884	11454	18.74	0.799	0.35	-43.85	-23.61	23430	38.33	2.795	0.45	-75.89	-62.09
5	3.6	1756	537884	11454	37.39	0.799	0.45	-74.03	-60.57	23430	76.49	2.795	0.50	-137.68	-137.68
4	3.6	2457	537884	11454	52.32	0.799	0.45	-103.59	-86.18	23430	107.03	2.795	0.50	-192.65	-192.65
3	3.6	2983	537884	11454	63.52	0.799	0.45	-125.77	-102.92	23430	129.94	2.795	0.50	-233.89	-233.89
2	3.6	3333	537884	11454	70.97	0.799	0.50	-127.75	-127.75	23430	145.18	2.795	0.50	-261.32	-261.32
1	3.6	3508	726436	18647	90.05	0.799	0.55	-145.88	-178.30	27609	152.81	2.795	0.55	-302.56	-247.55

地震作用下框架梁梁端弯矩标准值计算 表 5-35

层次	边 节 点					中 节 点				
	M_c^t (kN·m)	M_c^b (kN·m)	ΣM_c (kN·m)	M_b^l (kN·m)	M_b^r (kN·m)	M_c^t (kN·m)	M_c^b (kN·m)	ΣM_c (kN·m)	M_b^l (kN·m)	M_b^r (kN·m)
6		-43.85	-43.85		43.85		-75.89	-75.89	21.70	54.19
5	-23.61	-74.03	-97.64		97.64	-62.09	-137.68	-199.77	57.13	142.64
4	-60.57	-103.59	-164.16		164.16	-137.68	-192.65	-330.33	94.47	235.86
3	-86.18	-125.77	-211.95		211.95	-192.65	-233.89	-426.54	121.99	304.55
2	-102.92	-127.75	-230.67		230.67	-233.89	-261.32	-495.21	141.63	353.58
1	-127.75	-145.88	-273.63		273.63	-261.32	-302.56	-563.88	161.27	402.61

地震作用下框架梁梁端剪力标准值计算 表 5-36

层次	边 跨					中 跨				
	M_b^l (kN·m)	M_b^r (kN·m)	L_b (m)	V_b^l (kN)	V_b^r (kN)	M_b^l (kN·m)	M_b^r (kN·m)	L_b (m)	V_b^l (kN)	V_b^r (kN)
6	43.85	21.70	6.0	-10.93	10.93	54.19	54.19	2.4	-45.16	45.16
5	97.64	57.13	6.0	-25.80	25.80	142.64	142.64	2.4	-118.87	118.87
4	164.16	94.47	6.0	-43.11	43.11	235.86	235.86	2.4	-196.55	196.55
3	211.95	121.99	6.0	-55.66	55.66	304.55	304.55	2.4	-253.79	253.79
2	230.67	141.63	6.0	-62.05	62.05	353.58	353.58	2.4	-294.65	294.65
1	273.63	161.27	6.0	-72.48	72.48	402.61	402.61	2.4	-335.21	335.21

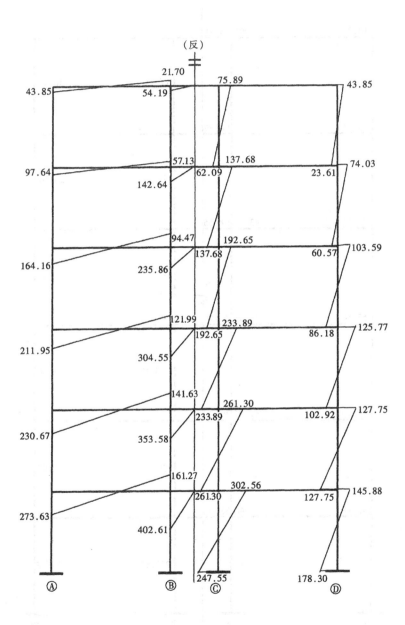

图 5-11 地震作用下框架弯矩示意图 (kN·m)

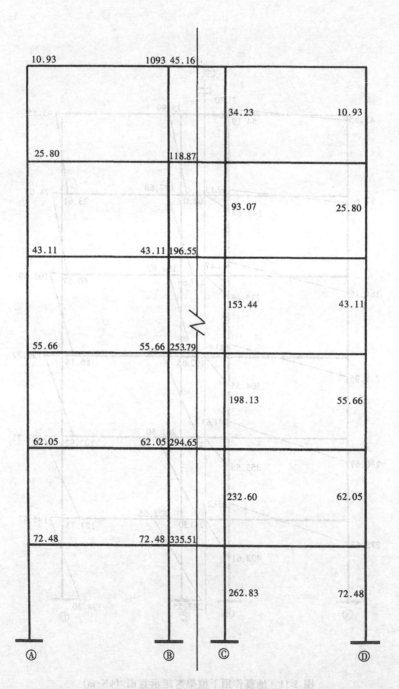

图 5-12   地震作用下框架梁梁端剪力与柱层间轴力示意图 （kN）

地震作用下框架柱柱轴力标准值计算 表 5-37

层次	边柱				中柱			
	V_b^l (kN)	V_b^r (kN)	$N_c^b = N_b^t$ (kN)		V_b^l (kN)	V_b^r (kN)	$N_c^b = N_b^t$ (kN)	
			层间值	累计值			层间值	累计值
6		10.93	− 10.93	− 10.93	− 10.93	45.16	− 34.23	− 34.23
5		25.80	− 25.80	− 36.73	− 25.80	118.87	− 93.07	− 127.30
4		43.11	− 43.11	− 79.84	− 43.11	196.55	− 153.44	− 280.74
3		55.66	− 55.66	− 135.50	− 55.66	253.79	− 198.13	− 478.87
2		62.05	− 62.05	− 197.55	− 62.05	294.65	− 232.60	− 711.47
1		72.48	− 72.48	− 270.03	− 72.48	335.51	− 263.03	− 974.50

7. 框架内力组合

分别考虑了"恒荷载 + 活荷载"和"重力荷载 + 地震作用"两种组合，具体组合过程及其结果见表 5-39 ~ 5-41。

8. 框架梁柱截面抗震设计计算

当结构构件抗震计算时的内力设计值完全确定后，其截面配筋计算的方法与非抗震设计相同，但需特别注意应引入相应的抗震调整系数。有关截面配筋计算的内容从略，下面仅就为抗震设计要求的各种内力设计值的调整问题简要示例如下：

（1）框架梁（以首层梁 AB 跨为例）

①梁端弯矩设计值

可直接由表 5-39 查出内力组合的结果：

梁左端负弯矩 $- M_b^l = - 446.13 \text{kN} \cdot \text{m}$；

梁左端正弯矩 $M_b^l = 265.31 \text{kN} \cdot \text{m}$；

梁右端负弯矩 $- M_b^r = - 311.71 \text{kN} \cdot \text{m}$；

梁右端正弯矩 $M_b^r = 107.59 \text{kN} \cdot \text{m}$。

②梁端剪力设计值

由表 5-40 直接查出按内力组合结果首层 AB 跨梁端剪力组合值如下：

$$V_{AB} = 227.63 \text{kN}$$

$$V_{BA} = 217.22 \text{kN}$$

但为了实现"强剪弱弯"，《抗震规范》规定构件的受剪承载力应大于构件弯曲屈服时实际达到的剪力，为此，尚应符合式（5-56）的要求。

首先应按表 5-39 查出梁端组合弯矩值分别按顺时针和逆时针两个方向，按式（5-56）计算出考虑"强剪弱弯"原则的剪力设计值如下：

表 5-38

竖向恒(活)荷载作用下框架内力(半跨)

层次		框架梁 杆端及跨中弯矩(kN·m)					框架柱				梁端剪力与柱层间轴力(kN)				
		边跨			中跨		边柱		中柱		梁端剪力			柱层间轴力(kN)	
		左支座	跨中	右支座	左支座	跨中	顶	底	顶	底	边跨		中跨	边柱	中柱
											左支座	右支座	左支座		
6	恒	-50.14	74.09	-67.74	-33.51	-31.53	62.67	46.77	-33.65	-33.65	86.28	93.61	4.13	86.28	90.41
6	活	-5.82	4.54	-5.87	-1.40	-1.54	7.28	13.91	-5.59	-10.13	7.19	7.21	0.00	7.19	7.21
5	恒	-68.45	65.28	-73.12	-25.42	-23.44	38.79	41.64	-31.78	-32.17	94.28	83.39	4.13	94.28	98.41
5	活	-24.20	28.54	-27.86	-8.62	-9.49	17.34	15.76	-12.94	-12.35	35.40	36.60	0.00	35.40	36.60
4	恒	-66.62	66.83	-72.87	-25.74	-23.75	41.64	41.64	-32.17	-32.17	93.9	83.79	4.13	93.95	98.08
4	活	-25.21	27.42	-27.46	-7.69	-8.46	15.76	15.76	-12.35	-12.35	35.53	36.47	0.00	35.53	36.47
3	恒	-66.62	66.83	-72.87	-25.74	-23.75	41.64	41.64	-32.17	-32.17	93.95	83.79	4.13	93.95	98.08
3	活	-25.21	27.42	-27.46	-7.69	-8.46	15.76	15.76	-12.35	-12.35	35.53	36.47	0.00	35.53	36.47
2	恒	-66.62	66.83	-72.87	-25.74	-23.75	41.64	47.71	-32.17	-34.22	93.95	83.7	4.13	93.95	98.08
2	活	-25.21	27.42	-27.46	-7.69	-8.46	15.76	18.05	-12.35	-13.14	35.53	36.47	0.00	35.53	36.47
1	恒	-62.74	70.73	-71.57	-24.66	-22.29	30.71	17.00	-24.43	-9.78	93.41	84.26	4.13	93.41	97.54
1	活	-23.74	29.00	-26.96	-8.94	-9.84	11.62	5.81	-9.38	-4.69	35.53	36.47	0.00	35.53	36.67

注:1. 此表所给是考虑了活荷载折减、活荷载最不利布置以及梁端弯矩调幅以后的内力标准值;
2. 另半跨的内力可根据对称性确定。

框架梁弯矩组合（左半跨） 表 5-39

层别	类别	截面位置	各种荷载作用下的弯矩标准值 恒荷载①	活荷载②	地震作用③	重力荷载代表值 ④=①+0.5②	弯矩组合值 1.2①+1.4②	1.35①+0.98②	1.2④+1.3③	1.2④-1.3③	控制值 支座弯矩 正	负	跨中弯矩
顶层	支座	A	-50.14	-5.82	43.85	-53.05	-68.32	-73.93	-6.66(-4.99)	-120.67(-90.50)		-120.67	
		B左	-67.74	-5.87	21.70	-70.68	-89.51	-97.2	-56.6(-42.45)	-113.02(-84.77)		-113.02	
	跨中	B右	-33.51	-1.40	54.19	-34.21	-42.17	-46.61	29.4(22.05)	-111.5(-83.52)	29.4	-111.50	
		AB	74.09	4.54	11.08	76.36	95.26	104.47	106.04(79.53)	77.23(-57.92)			104.47
		BC	-31.53	-1.54	0.00	-32.23	-39.99	-44.07	-38.76(-29.01)	-38.76(-29.01)			-44.07
首层	支座	A	-62.74	-25.21	273.63	-75.35	-110.58	-109.41	265.31(198.97)	-446.13(-334.60)	265.31	-446.13	
		B左	-71.57	-26.96	161.27	-85.05	-123.63	-123.04	107.59(80.69)	-311.71(-233.81)	107.59	-311.71	
		B右	-24.66	-8.94	402.61	-29.13	-42.11	-42.11	488.44(366.33)	-558.35(-418.76)	488.44	-558.35	
	跨中	AB	70.73	29.00	56.18	85.23	125.48	123.91	175.31(131.48)	29.24(21.93)			175.31
		BC	-22.29	-9.84	0.00	-27.21	-40.52	-39.73	-32.65(-24.49)	-32.65(-24.49)			-40.52

注:1. 单位为 kN·m;

2. 为了便于比较,括号内数值为考虑相应的抗震抗力调整系数 $r_{RE}=0.75$ 的计算值。

框架梁剪力组合（左半跨） 表 5-40

层别	截面位置	各种荷载作用下的剪力标准值 恒荷载①	活荷载②	地震作用③	重力荷载代表值 ④=①+0.5②	剪力组合值 恒荷载+活荷载 1.2①+1.4②	1.35①+0.98②	重力荷载+地震作用 1.2④+1.3③	1.2④-1.3③	控制值（绝对值）
顶层	A	86.28	7.19	-10.93	89.88	113.60	123.52	93.64(104.47)	122.06(136.17)	122.06
	B左	93.61	7.21	10.93	97.22	122.43	133.44	130.87(145.0)	102.45(114.29)	130.87
	B右	4.13	0.00	-45.16	4.13	4.96	5.58	-53.75(-59.97)	63.66(71.03)	63.66
首层	A	93.41	35.53	-72.48	111.18	161.83	160.92	39.19(43.72)	227.63(253.95)	227.63
	B左	84.26	36.47	72.48	102.50	152.17	149.49	217.22(242.33)	28.77(32.10)	217.22
	B右	4.13	0.00	-335.57	4.13	4.96	5.58	-431.29(-481.15)	441.2(492.2)	441.2

注:1. 单位为 kN;

2. 为了便于比较,括号内数值为按 $0.85(1.2④\pm1.3③)\dfrac{r_0}{0.8}$ 的计算值。

表 5-41

框架④轴柱内力组合

层次	截面位置	内力类别	恒荷载①	活荷载②	地震作用③	重力荷载代表值 ④=①+0.5②	恒荷载+活荷载 1.2①+1.4②	1.35①+0.98②	重力荷载+地震作用 1.2④+1.3③	1.2④-1.3③	|M1max|及相应的N	Nmax及相应的M	Nmin及相应的M
6	顶	M	62.67	7.28	-43.85	66.31	85.40	91.74	22.57(16.92)	136.58(102.44)	136.58	91.74	22.57
		N	86.28	7.19	-10.93	89.88	113.60	123.52	93.64(70.24)	122.06(91.55)	122.06	123.52	93.64
	底	M	46.77	13.91	-23.61	53.73	75.60	76.77	33.78(25.34)	95.16(71.38)	95.16	76.77	33.78
		N	108.78	7.19	-10.93	112.38	140.60	153.9	120.64(90.49)	149.06(111.80)	149.06	153.90	120.64
5	顶	M	38.79	17.34	-74.03	47.46	70.82	69.36	-39.29(-27.22)	153.19(114.89)	153.19	69.89	-39.29
		N	203.06	41.59	-36.73	223.86	301.90	314.89	220.88(165.66)	316.38(237.28)	316.38	314.89	220.88
	底	M	41.64	15.76	-60.57	49.52	72.03	71.66	-19.32(-14.49)	138.17(103.62)	138.17	71.66	-19.32
		N	225.56	41.59	-36.73	246.86	330.30	345.26	247.88(186.36)	343.38(257.53)	345.26	345.26	247.88
4	顶	M	41.64	15.76	-103.59	49.52	72.03	71.66	-75.24(-56.44)	194.09(145.57)	194.09	71.66	-75.24
		N	319.51	78.12	-79.84	358.57	492.78	507.9	326.49(244.87)	534.08(400.55)	534.08	507.90	326.49
	底	M	41.64	15.76	-86.18	49.52	72.03	71.66	-52.49(-39.45)	171.46(128.59)	171.46	71.66	-52.49
		N	342.01	78.12	-79.84	381.07	519.78	538.27	353.49(265.61)	561.08(420.32)	561.08	538.27	353.49
3	顶	M	41.64	15.76	-125.77	49.52	72.03	11.66	-104.08(-78.06)	222.93(167.19)	222.93	11.66	-104.08
		N	435.96	113.65	-135.50	492.79	682.26	699.92	415.19(311.40)	767.49(575.63)	767.49	699.20	415.19
	底	M	41.64	15.76	-102.92	49.52	72.03	71.66	-74.37(-55.79)	193.22(144.92)	193.22	71.66	-74.37
		N	458.46	113.65	-135.50	515.29	709.26	730.3	442.19(331.67)	794.49(595.88)	794.49	730.3	442.19
2	顶	M	41.64	15.76	-127.75	49.52	72.03	71.66	-106.65(-80.00)	225.5(169.13)	225.5	71.66	-106.65
		N	552.41	149.18	-197.55	627.00	871.74	891.95	495.59(371.69)	1009.22(756.92)	1009.22	891.95	495.59
	底	M	47.71	18.05	-127.75	56.74	82.52	82.1	-97.59(-73.45)	234.16(175.63)	234.16	82.10	-97.59
		N	574.90	149.18	-197.55	649.50	898.74	922.31	522.57(391.94)	1036.2(777.17)	1036.2	922.31	522.57
1	顶	M	30.71	11.62	-145.88	36.52	53.12	52.85	-145.82(-109.29)	233.47(175.17)	233.47	52.85	-145.82
		N	668.82	184.71	-270.03	761.18	1061.37	1083.92	562.37(421.19)	1264.45(948.78)	1264.45	1083.92	562.37
	底	M	17.00	5.81	-178.30	19.91	28.53	28.64	-207.9(-155.93)	255.68(191.76)	255.68	28.64	-207.9
		N	690.82	184.71	-270.03	783.18	1087.58	1113.62	588.77(440.91)	1290.85(968.14)	1290.85	1113.62	588.77

注：1. 弯矩的单位为 kN·m，轴力的单位为 kN；柱轴力为逐层、逐截面的累加值，且计入了柱自重；

2. 为了便于比较，括号内数值为考虑相应的抗震力调整系数 r_{RE} =0.75 的计算值。

按梁端弯矩逆时针方向组合时,

$$V_b = 1.2 \times \frac{446.13 + 107.59}{6.0 - 0.5} + 102.50 = 223.31 \text{kN};$$

按梁端弯矩顺时针方向组合时,

$$V_b = 1.2 \times \frac{265.31 + 311.71}{6.0 - 0.5} + 102.50 = 228.39 \text{kN};$$

综合比较后,梁端的剪力设计值取: $V_b = 228.39 \text{kN}$。

(2) 框架柱 (以Ⓐ轴柱首层顶部截面为例)

①柱端弯矩设计值

由表 5-41,可直接查出Ⓐ轴柱首层顶部截面的柱端弯矩设计值:

$$M_{max} = 233.47 \quad \text{及相应的} \quad N = 1264.45$$

$$N_{max} = 1083.92 \quad \text{及相应的} \quad M = 52.85$$

$$N_{min} = 562.37 \quad \text{及相应的} \quad M = -145.37$$

此外,柱端弯矩尚应满足"强柱弱梁"的原则要求,应符合式 (5-61) 的要求。

为此,首先按表 5-39 查出与本柱相连的梁端弯矩组合值,然后分别按顺时针和逆时针两个方向,按式 (5-61) 计算考虑强柱弱梁后柱端弯矩设计值。

查表 5-39 可得:

梁端负弯矩　　　　$-M_b = -446.13 \text{kN} \cdot \text{m}$

梁端正弯矩　　　　$M_b = 265.31 \text{kN} \cdot \text{m}$

按梁端弯矩逆时针方向组合时的柱端弯矩设计值之和:

$$\Sigma M_c = 1.2 \times 265.31 = 318.37 \text{kN} \cdot \text{m}$$

按梁端弯矩顺时针方向组合时的柱端弯矩设计值之和:

$$\Sigma M_c = 1.2 \times 446.13 = 535.36 \text{kN} \cdot \text{m}$$

由此可计算考虑强柱弱梁后Ⓐ轴首层顶部截面的柱端弯矩设计值为:

$$M_c = \Sigma M_c/2 = 267.68 \text{kN} \cdot \text{m}$$

综上分析,该柱顶部的最大弯矩设计值应取:

$$M_{max} = 267.68 \text{kN} \cdot \text{m}$$

②柱端剪力

通过上述柱端弯矩的调整,得到柱端弯矩设计值,同样应按"强剪弱弯"的要求复核柱端剪力的设计值。

第三节 多层钢结构房屋抗震设计简述

钢结构的结构体系主要有框架体系、框架-支撑（剪力墙板）体系，筒体体系（框筒、筒中筒、桁架筒、束筒等）或巨型框架体系。为了促进多层钢结构的发展，使小高层钢结构设计较方便，又不违背防火规范关于层高划分的规定，通常对不超过 12 层的建筑的抗震设计适当放宽要求。为了表达方便，在抗震规范中采用了 12 层以下和超过 12 层的用语。在结构体系上，对不超过 12 层的多层钢结构房屋作了较灵活规定，即可采用框架结构、框架-支撑结构或其他类型的结构。

框架体系是由沿纵横方向的框架构成及承担水平荷载的抗侧力结构，它也是承担竖向荷载的结构。这类结构的抗侧力能力主要决定于梁、柱构件和节点的强度与延性，故节点常采用刚性连接节点。

框架-支撑体系是在框架体系中沿结构的纵、横两个方向均匀布置一定数量的支撑所形成的结构体系。在框架-支撑体系中，框架是剪切型结构，底部层间位移大；支撑架为弯曲型结构，底部层间位移小，两者并联，可以明显减小建筑物下部的层间位移。因此，在相同的侧移限值标准的情况下，框架-支撑体系可以用于比框架体系更高的房屋。

支撑体系的布置由建筑要求及结构功能来确定，一般布置在端框架中、电梯井周围等处。支撑类型的选择与是否抗震有关，也与建筑的层高、柱距以及建筑使用要求，如人行通道、门洞和空调管道设置等有关。因此，常需要根据不同的设计条件选择适宜的支撑类型。

框架-支撑结构体系的竖向支撑宜采用中心支撑，有条件时也可采用偏心支撑等耗能支撑。中心支撑宜采用交叉支撑，也可采用人字形支撑或单斜杆支撑。

中心支撑是指斜杆与横梁及柱汇交于一点，或两根斜杆与横杆汇交于一点，也可与柱汇交于一点，但汇交时均无偏心距。根据斜杆的不同布置形式，可形成 X 形支撑、单斜支撑等。

偏心支撑是指支撑斜杆的两端，至少有一端与梁相交（不在柱节点处），另一端可在梁与柱交点处连接，或偏离另一根支撑斜杆一段长度与梁连接，并在支撑斜杆杆端与柱子之间构成一耗能梁段，或在两根支撑斜杆之间构成一耗能梁段的支撑。

采用偏心支撑的主要目的是改变支撑斜杆与梁（耗能梁段）的先后屈服顺序，即在罕遇地震时，耗能梁段在支撑失稳之前就进入弹塑性阶段，利用非弹性变形进行耗能，从而保护支撑斜杆不屈曲。因此，偏心支撑与中心支撑相比具有更好的延性，它是适用于高烈度地区的一种新型支撑体系。

厂房的支撑宜布置在载荷较大的柱间，宜在同一柱间上下贯通，不贯通时应错开开间后连续布置，并宜适当增加相近楼层、屋面的水平支撑，确保楼层水平地震作用能传递至基础。

厂房的楼盖一般采用压型钢板现浇钢筋混凝土组合楼板或装配整体式钢筋混凝土楼板，亦可采用钢铺板。多层民用房屋尚可采用装配式楼板或其他轻型楼盖。

一、震害分析

钢结构强度高、延性好、抗震性能好，总体来说，在同等场地、烈度条件下，钢结构房屋的震害较钢筋混凝土结构房屋的震害要小。例如，在墨西哥城的高烈度区有 102 幢钢结构房屋，其中 59 幢为 1957 年以后所建，在 1985 年 9 月的墨西哥大地震（里氏 8.1 级）中，1957 年以后建造的钢结构房屋倒塌或严重破坏的不多，而钢筋混凝土结构房屋的破坏就要严重得多。

多高层钢结构在地震中的破坏形式主要有节点破坏、构件破坏和结构倒塌三种。

1. 节点连接破坏

主要有两种节点连接破坏，一种是支撑连接破坏，另一种是梁柱连接破坏。

1994 年美国 Northridge 地震和 1995 年日本阪神地震造成了很多梁柱刚性连接破坏，美国在震后调查发现 1000 多幢中破坏 100 多幢。破坏的特点是梁下翼缘裂缝占 80%～95%，上翼缘裂缝占 5%～20%；裂缝起源于焊缝的占 90%～99%，而且主要起源于下翼缘焊缝中部，起源于母材的只占 1%～10%；不少裂缝向柱子扩展，严重的将柱裂穿；有的向梁扩展；有的沿连接螺栓线扩展。日本关于破坏情况的报道没有美国系统，有一些梁端部断裂，少数柱子脆性断裂，也发现很多裂缝起源于下翼缘焊缝，较多的梁端焊接孔断裂。主要涉及梁翼缘焊接、腹板用螺栓连接的混合连接。

对节点破坏进行分析，主要有以下一些原因：

（1）焊缝金属冲击韧性低；

（2）焊缝存在缺陷，特别是下翼缘梁端现场焊缝中部，因腹板妨碍焊接和检查，出现不连续；

（3）梁翼缘端部全熔透坡口焊的衬板边缘形成的人工缝，在竖向力作用下扩大；

（4）梁端焊缝通过孔边缘出现应力集中，引发裂缝，向母材扩展。

从 1978 年日本宫城县远海地震（里氏 7.4 级）所造成的钢结构建筑破坏情

况看，支撑连接更易遭受地震破坏。

2. 构件破坏

多高层建筑钢结构构件破坏的主要形式有：支撑杆件压曲、梁柱局部失稳和柱水平裂缝或断裂破坏。

（1）支撑杆件压曲。在地震时，支撑杆件所受的压力超过其屈曲临界力发生的压曲破坏；

（2）梁柱局部失稳。梁或柱在地震作用下反复受弯，在弯矩最大截面附近过度弯曲发生的翼缘局部失稳破坏；

（3）柱水平裂缝或断裂破坏。1995 年日本阪神地震区芦屋浜的 52 栋高层钢结构住宅，有 57 根钢柱发生水平裂缝破坏。分析原因认为，竖向地震使柱中出现拉动力，由于应变速率高，使材料变脆，加上截面弯矩和剪力的影响，造成柱水平断裂。

3. 结构倒塌

结构倒塌是地震中结构破坏最严重的形式。钢结构建筑尽管抗震性能好，但在地震中也有倒塌事例发生。1985 年墨西哥大地震中有 10 栋钢结构房屋倒塌，在 1995 年日本阪神地震中，也有钢结构房屋倒塌发生。

二、多层钢结构的抗震计算要点

1. 地震作用与作用效应

在抗震设计中，一般多层钢结构可不考虑风荷载及竖向地震的作用，但在 9 度区须考虑竖向地震的作用。对多层钢结构进行抗震验算时，一般只需考虑水平地震作用，并在结构的两个主轴方向分别验算，各方向的水平地震作用应全部由该方向的抗震构件承担。水平地震作用可采用底部剪力法或振型分解反应谱法进行计算。计算时，在多遇地震下，阻尼比可采用 0.035；在罕遇地震下，阻尼比可采用 0.05。

2. 多层钢结构房屋的内力计算

平面布置较规则的多层框架，其横向框架的设计宜采用平面设计模型，当平面不规则且楼盖为刚性楼盖时，宜采用空间计算模型。厂房的纵向框架的计算，一般可按柱列法计算，当各柱列纵向刚度差别较大且楼盖为刚性楼盖时，宜采用空间整体计算模型。

进行地震作用效应计算时，宜采用将质量集中于各楼层的层间计算模型，同时按不同围护结构考虑其自振周期的折减系数 φ。当为轻质砌块及悬挂预制墙板时，φ 取 0.9；当为重砌体外包时，φ 取 0.85；当为重砌体嵌砌时，φ 取 0.8。对所有围护墙一般只计入质量，不考虑其刚度及抗震共同工作。当设备或支撑设备的结构与厂房共同工作时，其水平地震作用计算，应计入设备及其支撑结构的刚度，地震作用效应应按设备或支撑设备结构与厂房结构侧移刚度的比例分配。

多层框架计算一般宜采用专门软件的计算机方法，当对层数不多的框架可采用手算方法时，其竖向荷载作用下的内力效应可用近似的分层法计算，水平荷载作用下的内力效应可采用半刚架法、改进反弯点法（D 值法）等近似方法计算。

计算层间位移时，框架—支撑结构可不计入梁、柱节点域剪切变形的影响，但腹板厚度不宜小于梁、柱截面高度之和的 1/70。

3. 多层钢结构房屋构件的设计原则

框架梁、柱截面按弹性设计。设计时应考虑到结构在罕遇地震作用下允许出现塑性变形，但须保证这一阶段的延性性能，使其不致倒塌。要注意防止梁、柱在塑性变形时发生整体和局部失稳，故梁、柱板件的宽厚比应不超过其在塑性设计时的限值。同时，将框架设计成"强柱弱梁"体系，使框架在形成倒塌机构时塑性铰只出现在梁上，而柱子除柱脚截面外保持为弹性状态，以使得框架具有较大的耗能能力；也要考虑到塑性铰出现在柱端的可能性而采取构造措施，以保证其强度。这是因为框架在重力荷载和地震作用的共同作用下反应十分复杂，很难保证所有塑性铰出现在梁上，且由于构件的实际尺寸、强度以及材性常与设计取值有相当出入，当梁的实际强度大于柱时，塑性铰将转移至柱。此外，还需要考虑支撑失稳后的行为。

4. 多层钢结构房屋的侧移控制

在小震下（弹性阶段），过大的层间变形会造成非结构构件的破坏；而在大震下（弹塑性阶段），过大的变形会造成结构的破坏或倒塌。因此，应限制结构的侧移，使其不超过一定的数值。

在多遇地震下，多层钢结构的弹性层间侧移角限值不应超过层高的 1/300。结构平面端部构件的最大侧移不得超过质心侧移的 1.3 倍。

三、多层钢结构房屋的抗震构造措施

1. 框架柱、支撑的长细比与构件的板件宽度比

多层钢框架柱的长细比，6~8 度时，不应大于 120 $\sqrt{235/f_{ay}}$（f_{ay} 为钢材的屈服强度），9 度时不应大于 100 $\sqrt{235/f_{ay}}$。中心支撑受压件的长细比，6、7 度时不宜大于 150 $\sqrt{235/f_{ay}}$，8、9 度时不宜大于 102 $\sqrt{235/f_{ay}}$；受压支撑杆件长细比不宜大于《抗震规范》关于下柱柱间支撑的规定。

多层框架柱的板件宽厚比，应小于表 5-42 规定的限值；梁的板件宽厚比，应小于表 5-42 规定的限值；中心支撑的板件宽厚比，应小于表 5-43 规定的限值。

多层钢结构（不超过 12 层）的板件宽厚比限值　　表 5-42

截面形式	板件名称	烈　度		
		7 度	8 度	9 度
工形	翼缘外伸部分	13	12	11
工形	截面腹板	52	48	44
箱形	截面壁板	40	36	36

注：表列数值适用于 HPB235 钢，当材料为其他钢号时，应乘以 $\sqrt{235/f_{ay}}$。

多层钢结构（不超过 12 层）支撑受压杆件的板件宽厚比限值　　表 5-43

截面形式	烈　度		
	7 度	8 度	9 度
翼缘外伸部分	13	11	9
工字形截面腹板	33	30	27
箱形截面腹板	31	28	25

注：表列数值适用于 HPB235 钢，当材料为其他钢号时，应乘以 $\sqrt{235/f_{ay}}$。

2. 连接节点的要求

多层钢框架梁与柱、柱与柱、梁与梁的连接，除 6 度外应采用刚性连接，其连接构造应满足下列要求：

（1）梁与柱的连接

框架梁与柱的连接宜采用柱贯通型。在互相垂直的两个方向都与梁刚性连接的柱，宜采用箱形截面。当仅在一个方向刚接时，宜采用工字形截面，并将柱腹板置于刚接框架平面内。

梁与柱的连接应采用刚性连接。梁与柱的刚性连接，可将梁与柱翼缘在现场直接连接，也可通过预先焊在柱上的梁悬臂段在现场进行梁的拼接。

工字形柱翼缘与梁刚性连接时，梁翼缘与柱翼缘间应采用全熔透坡口焊缝，焊缝的冲击功应不低于母材冲击功的规定值，并在梁翼缘对应位置设置横向加劲肋，且加劲肋不应小于梁翼缘厚度。

（2）柱与柱的连接

钢框架宜采用工字形柱或箱形柱，箱形柱宜为焊接柱，其角部的组装焊缝应为部分熔透的 V 形或 U 形焊缝，抗震设防时，焊接厚度不小于板厚的 1/2，并不应小于 14mm，当梁与柱刚接时，在主梁上、下至少 600mm 的范围，应采用全熔透焊缝。

抗震设防时，柱的拼接应位于框架节点塑性区以外，并按等强度原则设计。

框架上、下柱接头宜设在楼板上方 1.3m 附近，上、下柱对接接头的焊接应采用全熔透焊缝。

（3）梁与梁的连接

梁在工地的接头，主要用于柱带悬臂梁段与梁的连接，可采用下列接头形式：

1）翼缘采用全熔透焊缝连接，腹板用摩擦型高强度螺栓连接；

2）翼缘和腹板采用摩擦型高强度螺栓连接；

3）翼缘和腹板采用全熔透焊缝连接。

抗震设防时，为了防止框架横梁的侧向屈曲，在节点塑性区段应设置侧向支撑构件，由于梁上翼缘和楼板连在一起，所以只需在相互的垂直横梁下翼缘设置侧向隔撑，此时隔撑可起到支承两根横梁的作用，隔撑应设置在距柱轴线 1/10 ～1/8 梁跨处，其长细比不得大 $130\sqrt{235/f_{ay}}$。

采用压型钢板的钢筋混凝土组合楼板和现浇或装配整体式钢筋混凝土板时，应与钢梁有可靠连接。采用装配式、装配整体式或轻型楼板时，应将楼板预埋件与钢梁焊接或采取其他保证楼盖整体性的措施。

第四节　单层工业厂房和单层空旷房屋

本节以单层钢筋混凝土柱厂房为主，阐述单层工业厂房的结构抗震设计知识，涉及其震害分析、抗震设计原则、计算方法等内容，之后简要介绍单层空旷房屋的抗震设计要点。

一、单层厂房的震害分析

1. 单层钢筋混凝土柱厂房

单层钢筋混凝土柱厂房通常是由钢筋混凝土柱、钢筋混凝土屋架或钢屋架以及有檩或无檩的钢筋混凝土屋盖所组成的装配式结构。从抗震角度来看，这种结构存在着屋盖重、连接差、支撑弱、构件强度低、结构形式复杂等不足之处，故而震害较为严重。历次地震震害调查表明：单层钢筋混凝土柱厂房，绝大多数经历了 6～7 度地震后其主体结构基本完好；8 度区主体结构会有不同程度的破坏；9 度区结构破坏严重；在 10、11 度区，大多数厂房发生倒塌破坏。钢筋混凝土柱厂房的具体震害及其原因分析如下：

（1）屋盖体系

钢筋混凝土柱厂房屋盖体系的震害主要表现为：屋面板的错动、移位、开裂、震落，屋架的倾斜、位移、端部开裂，屋面板与屋架的连接破坏，以及屋盖的部分塌落甚至大面积倒塌。分析其原因，主要有如下几方面：

屋面板板间没有灌缝或灌缝质量低；施工中有的屋面板搁置长度不足；屋面板的端部预埋件小，且未与板肋内钢筋焊接；屋面板与屋架焊接连接点数量不够，焊接质量差甚至漏焊，造成大型屋面板与屋架上弦间的连接不可靠；屋盖支撑布置不完整或不合理，不符合抗震传力要求。

（2）天窗架

Ⅱ形天窗架的震害普遍。7度区出现天窗架立柱与侧板连接处及立柱与天窗架垂直支撑连接处混凝土开裂现象；8度区上述裂缝贯穿全截面，混凝土酥碎，严重者天窗架在立柱底部折断倒塌，并引起厂房屋盖倒塌；9、10度区则大面积倾倒。这说明突出屋面的天窗架是厂房纵向抗震的薄弱环节，其主要原因是天窗架垂直支撑布置不合理或不足，高振型的影响则使天窗纵向水平地震作用显著增大。另外，天窗架本身存在的竖杆截面强度不足、与屋架的连接过于薄弱、侧板与竖杆刚性连接等问题，也易造成应力集中而导致震害。

（3）柱

在一般情况下，单层厂房中的钢筋混凝土柱是具有一定抗震能力的。但在高烈度区，其局部震害会很普遍，有时也很严重。钢筋混凝土柱常见的震害情况有：

柱顶开裂、压酥、混凝土剥落、预埋板拔出，甚至将上柱拉断。这是柱头与屋架连接不牢所造成的。

阶形柱的上柱根部水平开裂、酥裂或折断。这是因为上柱直接承受着从屋盖传来的地震力，使得该处弯曲受拉，而柱在此处又发生截面和侧移刚度的突变，使其应力相当集中；高、低跨处的中柱还受到高振型的影响，使之弯矩增大。

支承低跨屋盖的牛腿（柱肩）大部分拉裂或劈裂。这是高振型的影响使厂房高、低跨处的柱牛腿地震水平拉力加大的缘故。

由于支撑的拉力作用和应力集中的影响，在设有柱间支撑的开间，柱间支撑与柱的联结部位会出现混凝土开裂、压酥等现象。

实腹柱的下柱根部，由于弯矩和剪力过大，强度不足，会产生水平裂缝或环形裂缝，严重时则会酥碎、错位，乃至折断。

（4）支撑系统

在厂房的支撑系统中，天窗架垂直支撑的震害最为严重，其次是屋盖支撑和柱间支撑。由于支撑间距过大、数量不足、形式不合理、杆件刚度弱、强度低以及节点构造单薄等原因，地震时支撑即发生杆件压曲、节点扭折、焊缝撕开、锚件拉脱及锚筋拉断等震害，进一步使支撑系统失效，造成主体结构的震害。

（5）山墙和围护墙

单层钢筋混凝土柱厂房围护墙的震害基本表现在砖砌体的开裂、外闪，严重者则为倒塌。其主要外在因素是墙体与屋盖和柱的拉结不牢、圈梁与柱无可靠连接等。

2. 单层砖柱厂房

震害调查表明，7度区单层砖柱厂房多数只有轻微破坏或基本完好，少数为中等破坏；8度区厂房多数受到不同程度的破坏，部分受到中等破坏，个别倒塌；9度区厂房大多数有严重破坏或倒塌，个别震后可被保留。砖柱厂房的典型震害及其原因如下：

（1）纵墙水平裂缝、山墙斜裂缝

单层砖柱厂房的横墙一般都比较少，纵墙缺少必要的横向拉结，特别当山墙或横墙间距较大、屋盖整体性较差时，纵墙在窗台及勒角附近会产生水平裂缝，随着地震烈度的加大，此裂缝还会逐渐向两端墙延伸加长，甚至使纵墙折断，房屋倒塌，这是单层砖柱厂房最突出的震害。

在高烈度区，当采用钢筋混凝土屋盖且山墙或横墙间距不很大时，屋盖整体性较强，厂房空间作用比较显著，山墙将承受由屋盖传来的较大的地震作用，山墙会因抗剪承载能力不足而产生斜裂缝，在地震反复作用下，则会出现交叉斜裂缝。

（2）山墙外闪倒塌、纵墙斜裂缝

在纵向地震作用下，砖柱厂房的山墙出现水平裂缝，发生外闪甚至倒塌。其主要原因是：山墙与屋盖缺少必要的锚固措施，山墙处于悬臂状态，产生很大的出平面的变形，致使山墙顶部砌体失去抗震能力。纵墙的斜裂缝或交叉裂缝，多发生在强震区，这是由于强烈的地震作用，纵墙在薄弱截面内的地震剪力超过砌体的抗剪承载力而引起的。

3. 单层钢结构厂房

单层钢结构厂房具有比较好的抗震性能，多数厂房地震时损坏不重，但也有因设计施工不合理而使结构在强震作用下发生破坏的，如柱间支撑焊缝断开，支撑杆件断裂或弯曲，螺栓剪断以及结构倒塌等。

二、单层厂房的抗震措施

从上节所述的震害中，可以清楚地看出单层厂房存在着许多薄弱环节。单层厂房的抗震设计，必须针对这些薄弱环节正确地进行结构布置，搞好结构构件选型，注意刚度的相互协调，加强厂房的整体性，改进连接构造，保证构件和节点有足够的强度和延性。单层厂房的抗震设计，需要注意遵循下列原则，并采取相应的抗震构造措施。

1. 体形与防震缝

多跨单层厂房宜等高和等长，同一结构单元不应采用不同的结构形式。厂房的平、立面布置应注意体形简单、平直，各部分结构的刚度和质量均匀对称，避免凹凸曲折，尽可能选用长方形平面体形。厂房的贴建房屋和构筑物，宜沿纵墙或山墙布置，不宜在纵墙与山墙交汇的角部布置。当厂房体形复杂或有贴建的房屋和构筑物时，宜设防震缝将它们分成体形简单的独立单元。

对于单层砖柱厂房，当为木屋盖和轻钢屋架、瓦楞铁、石棉瓦屋面等轻型屋盖时，可不设防震缝；当为钢筋混凝土屋盖时，宜在与其贴建的房屋之间设置防震缝，缝宽可采用 50～70mm。防震缝处应设置双柱或双墙。

对于单层钢筋混凝土柱厂房和钢结构厂房，若在厂房纵横交接处或对大柱网、不设柱间支撑的厂房设置防震缝，其缝宽可采用 100～150mm，其他情况缝宽可采用 50～90mm。

2. 屋盖体系

单层厂房的结构选型，应使结构构件自身抗震性能良好，并有利于提高厂房的整体抗震能力。对于屋盖体系来说，构件选型的最根本原则，就是控制屋盖结构的重量，以减小地震时作用于屋盖自身上的地震力。

对于单层砖柱厂房，6～8 度时宜采用轻型屋盖，9 度时应采用轻型屋盖。

对于单层钢筋混凝土柱厂房，一般情况下宜采用钢屋架或重心较低的预应力混凝土、钢筋混凝土屋架；当跨度大于 24m，或 8 度Ⅲ、Ⅳ类场地和 9 度时，应优先采用钢屋架；当柱距为 12m 时，可采用预应力混凝土托架（梁），钢屋架时亦可为钢托架（梁）。

加强单层厂房屋盖构件间的连接，对于保证厂房屋盖的整体性和纵向地震力的传递，极其有效。为此，《抗震规范》对无檩屋盖构件的连接提出了下列要求：大型屋面板应与屋架（屋面梁）焊牢，靠柱列的屋面板与屋架（屋面梁）连接焊缝长度不宜小于 80mm；6 度和 7 度时；有天窗厂房单元的端开间，或 8 度和 9 度时的各开间，宜将垂直屋架方向两侧相邻的大型屋面板的顶面彼此焊牢；8 度和 9 度时，大型屋面板端头底面的预埋件宜采用角钢，并与主筋焊牢；非标准屋面板宜采用装配整体式接头，或将板四角切掉后与屋架（屋面梁）焊牢；屋架（屋面梁）端部顶面预埋件的锚筋，8 度时不宜小于 $4\phi10$，9度时不宜小于 $4\phi12$。

为了防止由于截面强度不足而出现的震害，《抗震规范》对钢筋混凝土屋架的截面和配筋提出下列要求：屋架上弦第一节间和梯形屋架端竖杆的配筋，6 度和 7 度时不宜小于 $4\phi12$，8 度和 9 度时不宜小于 $4\phi14$；梯形屋架的端竖杆截面宽度与上弦宽度相同；屋架上弦端部支承屋面板小立柱的截面不宜小于 200mm ×

200mm，高度不宜大于500mm，主筋宜采用Ⅱ形，6度和7度时不宜小于$4\phi12$，8、9度时不宜小于$4\phi14$，箍筋可采用$\phi6$，间距宜为100mm。

为使有檩屋盖具有一定的抗震能力，《抗震规范》对有檩屋盖构件的连接提出了下列要求：檩条应与屋架（屋面梁）焊牢，并应有足够的支承长度；采用双脊檩时，每对檩条应在跨度1/3处相互拉结；压型钢板应与檩条可靠连接，瓦楞铁、石棉瓦等应与檩条拉结。

当单层钢结构厂房采用钢筋混凝土屋盖结构时，有关单层砖柱厂房、单层钢筋混凝土柱厂房的屋盖系统结构构件选型和各项构造措施的规定，也可予以借鉴。

3. 天窗架

由于钢筋混凝土Ⅱ形天窗架的震害比较普遍和严重，为了保证天窗和整个厂房的安全，关于天窗、天窗架的选型、布置和构造，《抗震规范》作了如下规定：

天窗宜采用突出屋面较小的避风型天窗，有条件或9度时宜采用下沉式天窗；单层砖柱厂房的天窗不应通至厂房单元的端开间，且不应采用端砖壁承重；突出屋面的天窗宜采用钢天窗架，6~8度时可采用矩形截面杆件的钢筋混凝土天窗架；8度和9度时，天窗架宜从厂房单元端部第三柱间开始设置；天窗屋盖、端壁板和侧板，宜采用轻型板材；突出屋面的钢筋混凝土天窗架，其两侧墙板与天窗架立柱宜采用螺栓连接。

4. 柱

由于砖砌体抗剪强度低、延性差等原因，地震区的单层砖柱厂房发生有大量的严重震害，所以《抗震规范》规定：对于单层砖柱厂房，6度和7度时可采用十字形截面的无筋砖柱；8度和9度时应采用组合砖柱，且中柱在8度Ⅲ、Ⅳ类场地和9度时宜采用钢筋混凝土柱。砖柱和组合砖柱的材料要求是：砖的强度等级不应低于MU10，砂浆的强度等级不应低于M5，混凝土的强度等级应采用C20。

对于钢筋混凝土柱厂房的柱，8度和9度时，宜采用矩形、工字形截面柱或斜腹杆双肢柱，不宜采用薄壁工字形柱、腹板开孔工字形柱、预制腹板的工字形柱和管柱；柱底至室内地坪以上500mm范围内和阶形柱的上柱宜采用矩形截面。

为了增加钢筋混凝土柱的变形能力，改善其抗震性能，需要对柱头、上柱下部、牛腿、柱根、柱间支撑与柱连接的节点以及柱变位受约束的部位采取加密箍筋的构造措施予以加强。柱箍筋加密区的范围为：柱顶以下500mm范围，且不小于柱截面长边尺寸；阶形柱自牛腿面至吊车梁面以上300mm高度的上柱范围；牛腿（柱肩）全高范围；下柱柱底至室内地坪以上500mm范围；柱间支撑与柱连接节点和柱变位受平台等约束部位，取节点上、下各300mm范围。加密区的箍筋间距不应大于100mm，箍筋肢距和最小直径应符合表5-44的规定。

柱加密区箍筋最大肢距和最小直径   表 5-44

烈度和场地类别		6度和7度 Ⅰ、Ⅱ场地	7度Ⅲ、Ⅳ场地， 8度Ⅰ、Ⅱ接地	8度Ⅲ、Ⅳ场地， 9度
箍筋最大肢距（mm）		300	250	200
箍 筋 最 小 直 径	一般柱头和柱根	$\phi6$	$\phi8$	$\phi8$（$\phi10$）
	角柱柱头	$\phi8$	$\phi10$	$\phi10$
	上柱牛腿和有支撑的柱根	$\phi8$	$\phi8$	$\phi10$
	有支撑的柱头和 柱变位受约束部位	$\phi8$	$\phi10$	$\phi10$

注：括号内数值用于柱根。

鉴于柱顶与屋架连接节点震害比较严重，《抗震规范》对柱顶连接节点也有若干构造规定：

对于单层砖柱厂房，屋架（屋面梁）与墙顶圈梁或柱顶垫块应采用螺栓或焊接连接；柱顶垫块应现浇，其厚度不应小于240mm，并应配置两层直径不小于$\phi8$、间距不大于100mm的钢筋网。墙顶圈梁与柱顶垫块整浇，9度时在垫块两侧各500mm范围内，圈梁箍筋间距不应大于100mm。

砖柱厂房的山墙应沿屋面设置现浇钢筋混凝土卧梁，并应与屋盖构件锚拉；山墙壁柱的截面与配筋不宜小于排架柱，壁柱应通到墙顶并与卧梁或屋盖构件连接。

对于单层钢筋混凝土柱厂房，屋架（屋面梁）与柱顶的连接，8度时宜采用螺栓，9度时宜采用钢板铰，亦可采用螺栓；屋架（屋面梁）端部支承垫板的厚度不宜小于16mm；柱顶预埋的锚筋，8度时宜采用$4\phi14$，9度时宜采用$4\phi16$；有柱间支撑的柱，柱顶预埋件还应增设抵抗地震力的抗剪钢板。

对于单层钢结构厂房，横向宜采用刚架或屋架与柱有一定固结的框架；厂房的结构构件应保证整体稳定和局部稳定；构件在可能产生塑性铰的最大应力区内，应避免焊接接头。

5.支撑系统

支撑系统是装配式厂房传递和抵抗水平地震作用的主要构件，应保证它们的完整性和稳定性，以提高厂房的抗震能力。为此，《抗震规范》对屋盖支撑和柱间支撑作了具体规定：

（1）钢筋混凝土屋盖支撑

钢筋混凝土有檩屋盖是具有一定柔性的屋盖体系，其刚度主要靠檩条与屋架的连接来保证，檩条上的瓦材是刚度较差的搁置构件，显然是不能满足抗震要求的。为了保证屋盖的整体性和屋盖地震作用的传递，其支撑系统的布置宜符合表5-45的要求。

有檩屋盖的支撑布置　　　　　　　　　　　　　表 5-45

支 撑 名 称		烈　　　度		
		6、7度	8度	9度
屋架支撑	上弦横向支撑	厂房单元端开间各设一道	单元端开间及单元长度大于66m的柱间支撑开间各设一道；天窗开洞范围的两端各增设局部支撑一道	单元端开间及单元长度大于42m的柱间支撑开间各设一道；天窗开洞范围的两端各增设局部的上弦横向支撑一道
	下弦横向支撑	同非抗震设计		
	跨中竖向支撑			
	端部竖向支撑	屋架端部高度大于900mm时，单元端开间及柱间支撑开间各设一道		
天窗架支撑	上弦横向支撑	单元天窗端开间各设一道	单元天窗端开间及每隔30m各设一道	单元天窗端开间及每隔18m各设一道
	两侧竖向支撑	单元天窗端开间及每隔36m各设一道		

实践已经证明，对于钢筋混凝土无檩屋盖，在大型屋面板与屋架无可靠焊接的情况下，屋面板难以保证屋盖的整体性。因此，必须对屋架水平支撑和两端支撑以及天窗两侧竖向支撑等屋盖支撑系统进行合理布置，以便有效地提高厂房的纵向抗震能力。因此，《抗震规范》要求无檩屋盖的支撑布置宜符合表5-46的规定，但8度和9度时的跨度不大于15m的屋面梁屋盖，可仅在单元两端各设竖向支撑一道。

研究表明，屋盖由于天窗开洞而刚度削弱，致使很大一部分地震力不能经屋盖传递，而是经天窗屋面、天窗竖向支撑传递，使天窗支撑因强度不足而破坏。为了适当弥补因天窗开洞所造成的刚度削弱，《抗震规范》要求：8度和9度时，在天窗开洞范围的两端，应增设局部的屋架上弦横向支撑（见表5-45、5-46）。

（2）柱间支撑

为防止沿厂房纵向集中于柱间支撑开间的地震力过大，引起屋面板与屋架、屋架与柱顶柱间支撑之间因连接强度不足而造成的破坏，以及柱间支撑本身的破坏，一般情况下，除应在厂房单元中部设置上、下相互配套的柱间支撑外，在有吊车或8度和9度地区时尚应在厂房单元两端增设上柱支撑；厂房单元较长或8

度Ⅲ、Ⅳ类场地和9度时，可在厂房单元中部1/3区段内设置两道柱间支撑。

无檩屋盖的支撑布置 表 5-46

支 撑 名 称		烈 度		
		6、7度	8度	9度
屋架支撑	上弦横向支撑	屋架跨度小于18m时，同非抗震设计；跨度不小于18m时，单元端开间各设一道	单元端开间及柱间支撑开间各设一道；天窗开洞范围的两端各增设局部的支撑一道	
	上弦通长水平系杆	同非抗震设计	沿屋架跨度不大于15m设一道，但装配整体式的屋面可不设；围护墙在屋架上弦高度有现浇圈梁时，屋架端部处可不另设	沿屋架跨度不大于12m设一道，但装配整体式的屋面可不设；围护墙在屋架上弦高度有现浇圈梁时，屋架端部处可不另设
	下弦横向支撑		同非抗震设计	同上弦横向支撑
	跨中竖向支撑			
	两端竖向支撑 屋架端部高度不大于900mm		单元端开间各设一道	单元端开间及每隔48m各设一道
	两端竖向支撑 屋架端部高度大于900mm	单元端开间各设一道	单元端开间及柱间支撑开间各设一道	单元端开间、柱间支撑开间及每隔30m各设一道
天窗架支撑	天窗两侧竖向支撑	单元天窗端开间及每隔30m各设一道	单元天窗端开间及每隔24m各设一道	单元天窗端开间及每隔18m各设一道
	上弦横向支撑	同非抗震设计	天窗跨度≥9m时，单元天窗端开间及柱间支撑开间各设一道	单元端开间及柱间支撑开间各设一道

　　柱间支撑的杆件宜采用型钢，支撑形式宜采用交叉式，其斜杆与水平面的交角不宜大于55°。为避免柱间支撑杆件因截面过小、刚度不足而失稳，支撑杆件的最大长细比宜满足表5-47的规定。交叉支撑在交叉点应设置节点板，其厚度不应小于10mm，斜杆应与节点板焊接。

交叉支撑斜杆的最大长细比 表 5-47

位 置	6度和7度Ⅰ、Ⅱ类场地	7度Ⅲ、Ⅳ类场地 8度Ⅰ、Ⅱ类场地	8度Ⅲ、Ⅳ类场地 9度Ⅰ、Ⅱ类场地	9度Ⅲ、Ⅳ类场地
上柱支撑	250	250	200	150
下柱支撑	200	200	150	150

为使节点连接不过早破坏，柱间支撑与柱连接节点预埋件的锚件，8度Ⅲ、Ⅳ类场地和9度时，宜采用角钢加端板，其他情况可采用HRB335级或HRB400级热轧钢筋，但锚固长度不应小于30倍锚筋直径或增设端板。

为使厂房纵向地震作用主要通过通长的水平压杆传递，减少通过屋面板边肋、屋架端角传递，避免纵向地震作用在屋架与柱连接节点处的集中，从而减少上述部位的震害，《抗震规范》规定：8度时跨度不小于18m的多跨厂房中柱和9度时多跨厂房各柱，柱顶宜设置通长水平压杆，此压杆可与梯形屋架支座处通长水平系杆合并设置，钢筋混凝土系杆端头与屋架间的空隙应采用混凝土填实。

6. 围护墙与隔墙

钢筋混凝土柱厂房的外围扩墙，地震后普遍开裂外闪，有的连同圈梁大面积倒塌，造成严重的震害；而大型墙板厂房则震害较轻，或震后基本完好。因此，《抗震规范》规定：厂房的围护墙宜采用轻质墙板或钢筋混凝土大型墙板，外侧柱距为12m时应采用轻质墙板或钢筋混凝土大型墙板；高、低跨处的高跨封墙和纵横向厂房交接处的悬墙宜采用轻质墙板，8、9度时应采用轻质墙板。此外，当厂房仅某个纵向柱列布置柱间嵌砌墙时，该柱列的纵向刚度增加很多，也可能引起该厂房及柱列地震力增大很多，因而导致纵向震害；与柱等高的柱间墙可能导致柱顶构件及连接的破坏，半高的柱间墙则导致柱身破坏。因此，《抗震规范》规定：砌体围护墙宜采用外贴式，单跨厂房可在两侧均采用嵌砌式；内部砌体隔墙与柱宜脱开或柔性连接，但应采取措施保证墙体稳定，砌体隔墙的顶部应设现浇的钢筋混凝土压顶梁；内部隔墙不宜采用紧贴柱的柱间嵌砌墙，也不宜采用不到顶的部分嵌砌墙。

对于钢筋混凝土柱厂房，当采用钢筋混凝土大型墙板时，8度和9度时墙板与厂房柱和屋架间宜采用柔性连接，7度时也可采用型钢互焊的刚性连接。

砖围护墙与钢筋混凝土柱全高、屋架（屋面梁）端部、屋面板和天窗板要有可靠拉结。不等高厂房高、低跨封墙和纵、横向厂房交接处的悬墙，应加强与柱和屋盖构件的拉结。砖墙与柱和屋盖构件之间一般采用钢筋拉结，拉结钢筋直径不小于$\phi6$，钢筋锚入柱内不小于$30d$（d为钢筋直径），钢筋伸入墙内不小于500mm，并需加弯钩。拉结筋沿柱高每500mm设一道。

对于钢筋混凝土柱厂房，砖围护墙与柱和屋盖构件之间除采用钢筋拉结之外，还应采用圈梁拉结。当厂房屋盖采用梯形屋架时，应在梯形屋架端头上弦和柱顶标高处各设现浇钢筋混凝土圈梁一道；当屋架（屋面梁）端头高度不大于900mm时，可仅在柱顶或屋架端头上弦标高处设置一道圈梁。8度和9度时，还应沿厂房竖向按上密下疏的原则每隔4m左右在窗顶标高处增设一道圈梁。山墙沿屋面应设钢筋混凝土卧梁，并与屋架端头上弦标高处的圈梁连接。

圈梁的截面宽度宜与墙厚相同，高度不应小于 180mm。圈梁的纵向钢筋，6~8 度时不应少于 4φ12，9 度时不应少于 4φ14。圈梁应与柱或屋架牢固连接，山墙卧梁应与屋面板拉结。顶部圈梁锚拉钢筋不宜小于 4φ12，锚拉钢筋伸入混凝土的长度不宜小于 35 倍的钢筋直径。

对于砖柱厂房，在柱顶标高处应沿房屋外墙及承重内墙设置现浇闭合圈梁，8 度或 9 度时，还应沿墙高每隔 3~4m 增设圈梁一道。圈梁的截面高度不应小于 180mm，配筋不应小于 4φ12。当为软弱地基时，尚应设置基础圈梁一道。

对于单层钢结构厂房，7 度和 8 度时，宜采用与柱柔性连接的预制钢筋混凝土墙板或轻质墙板，不应采用嵌砌砖墙；9 度时，宜采用轻质墙板。

三、单层厂房的抗震计算

1. 计算原则

单层厂房的抗震计算包括横向抗震计算和纵向抗震计算。

当设防烈度为 7 度，场地类别为 Ⅰ、Ⅱ 类且抗震构造措施满足《抗震规范》要求时，对于柱高不超过 10m 且结构单元两端均有山墙的单跨及等高多跨钢筋混凝土柱厂房（锯齿形厂房除外），或柱顶标高不超过 4.5m 且结构单元两端均有山墙的单跨及等高多跨砖柱厂房，可不进行横向和纵向截面抗震验算；对于柱顶标高不超过 6.6 m，两侧设有厚度不小于 240mm，开洞截面面积不超过 50% 的外纵墙且结构单元两端均有山墙的单跨砖柱厂房，可不进行纵向抗震验算。

单层厂房的抗震计算，应根据结构类型、屋盖类别及计算方向的不同，分别采用不同的计算方法。

（1）横向计算

混凝土屋盖的钢筋混凝土柱厂房，一般情况宜计入屋盖的横向弹性变形按多质点空间结构分析，当符合相关条件时可按平面排架计算；轻型屋盖的钢筋混凝土柱厂房，柱距相等时可按平面排架计算。

所有屋盖类型的砖柱厂房均可按平面排架计算，但对于混凝土屋盖和密铺望板的瓦木屋盖的砖柱厂房，应考虑空间作用进行效应调整。

一般情况下，钢结构厂房宜计入屋盖变形进行空间分析；采用轻型屋盖时，可按平面排架或框架计算。

（2）纵向计算

混凝土屋盖及有较完整支撑系统的轻型屋盖的钢筋混凝土柱厂房，宜计及屋盖变形、围护墙与隔墙的有效刚度及扭转效应，按空间结构分析；柱顶标高不大于 15m 且平均跨度不大于 30m 的单跨或等高多跨钢筋混凝土柱厂房，宜采用修正刚度法计算；纵墙对称布置的单跨混凝土柱厂房和轻型屋盖的多跨钢筋混凝土柱厂房，可按柱列法计算。

　　钢筋混凝土屋盖的砖柱厂房，等高多跨砖柱厂房可用修正刚度法计算，不等高时宜采用振型分解反应谱法计算；纵墙对称布置的单跨砖柱厂房和轻型屋盖的多跨砖柱厂房，可按柱列分片独立进行计算。

　　采用轻质墙板或与柱柔性连接的大型墙板的钢厂房，可按单质点计算。

　　本书将以钢筋混凝土柱厂房为例，介绍单层厂房按平面排架进行横向抗震计算，按柱列法、修正刚度法进行纵向抗震的计算要点。

2．横向抗震计算

(1) 结构自振周期

1) 计算简图

　　以横向单榀排架作为计算单元，根据厂房类型和质量分布情况，简化为质量集中于各屋盖标高处、下端固定于基础顶面的竖直弹性杆。等高厂房可简化为单质点弹性体系，两跨不等高厂房可简化为二质点弹性体系，三跨不对称带升高中跨厂房可简化为三质点弹性体系（图 5-13）。

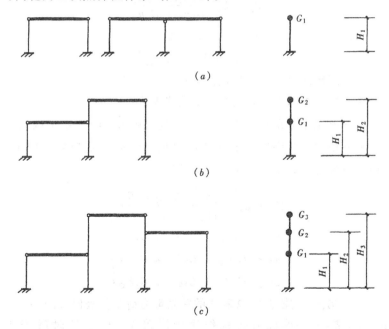

图 5-13　横向自振周期计算简图

(a) 等高厂房；(b) 两跨不等高厂房；(c) 三跨带升高中跨厂房

　　质点的等效重力荷载代表值，可按下式计算：

$$G_i = 1.0 G_r + 0.25 G_c + 0.5 G_b + 0.25 G_{wl} + 1.0 G_w \qquad (5-74)$$

式中　G_i——第 i 质点的等效重力荷载代表值（$i = 1, 2, 3$）；

　　　G_r——屋盖自重、屋盖悬挂荷载、屋面雪荷及屋面积灰荷载之和；

G_c——排架柱重量；

G_b——吊车梁重量；

G_{wl}——外纵墙重量；

G_w——高、低跨处一半封墙的重量。

2）计算公式

①单跨和等高多跨厂房

$$T = 2\sqrt{G_1\delta_{11}} \tag{5-75}$$

式中　T——厂房的横向自振周期；

　　　G_1——质点的等效重力荷载代表值（kN）；

　　　δ_{11}——单位力作用于排架顶部时，在该处引起的侧移(m/kN)。

②两跨不等高厂房（能量法）

$$T_1 = 2\sqrt{\frac{G_1u_1^2 + G_2u_2^2}{G_1u_1 + G_2u_2}} \tag{5-76}$$

$$\left.\begin{aligned} u_1 &= G_1\delta_{11} + G_2\delta_{12}\\ u_2 &= G_1\delta_{21} + G_2\delta_{22} \end{aligned}\right\} \tag{5-77}$$

式中　　T_1——厂房的横向基本自振周期；

　G_1、G_2——质点 1 和 2 的等效重力荷载代表值（kN）；

　δ_{11}、δ_{12}——单位力分别作用于屋盖 1、2 处时屋盖 1 的侧移(m/kN)；

　δ_{21}、δ_{22}——单位力分别作用于屋盖 1、2 处时屋盖 2 的侧移(m/kN)。

③三跨不对称带升高中跨厂房（能量法）

$$T_1 = 2\sqrt{\frac{G_1u_1^2 + G_2u_2^2 + G_3u_3^2}{G_1u_1 + G_2u_2 + G_3u_3}} \tag{5-78}$$

$$\left.\begin{aligned} u_1 &= G_1\delta_{11} + G_2\delta_{12} + G_3\delta_{13}\\ u_2 &= G_1\delta_{21} + G_2\delta_{22} + G_3\delta_{23}\\ u_3 &= G_1\delta_{31} + G_2\delta_{32} + G_3\delta_{33} \end{aligned}\right\} \tag{5-79}$$

式中　G_1、G_2、G_3——质点 1、2 和 3 的等效重力荷载代表值（kN）；

　　δ_{11}、δ_{12}、δ_{13}——单位力分别作用于屋盖 1、2、3 处时屋盖 1 的侧移 (m/kN)；

　　δ_{21}、δ_{22}、δ_{23}——单位力分别作用于屋盖 1、2、3 处时屋盖 2 的侧移 (m/kN)；

　　δ_{31}、δ_{32}、δ_{33}——单位力分别作用于屋盖 1、2、3 处时屋盖 3 的侧移 (m/kN)。

④三跨对称带升高中跨厂房

可以考虑结构的对称性，取半排架，按式（5-78）计算，但 G_2 改为 $0.5G_2$，G_3 取消，δ_{11} 和 δ_{12} 根据半排架计算。

3）自振周期的修正

上述自振周期的计算是按铰接排架进行的，确定排架横向刚度时未计入纵墙刚度的影响。但是，实际屋架与柱的连接因焊接而有某些固结作用，厂房纵墙对墙大排架横向刚度也有明显的影响，厂房的实际自振周期比按铰接排架所计算的要小。因此，《抗震规范》规定，对于按上述方法所计算的结果，需乘以表 5-48 中的相关系数 k_T 进行修正。

计算周期调整系数　　　　　　　　　　　　表 5-48

厂 房 结 构 类 别		k_T
由钢筋混凝土屋架或钢屋架与钢筋混凝土柱组成的排架	有纵墙	0.8
	无纵墙	0.9
由钢筋混凝土屋架或钢屋架与砖柱组成的排架		0.9
由木屋架、钢木屋架或轻钢屋架与砖柱组成的排架		1.0

（2）结构地震作用

1）计算简图

亦取横向单榀排架作为计算单元。当无桥式吊车时，其计算简图仍如图 5-13 所示；对于有桥式吊车的厂房，除把质量集中于相应屋盖处之外，尚需在吊车梁顶面处增设质点，把吊车重量集中于这些质点上（图 5-14）。

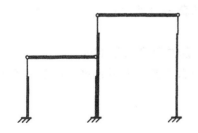
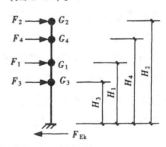

图 5-14　横向地震作用计算简图
（有桥式吊车厂房）

质点的等效等效重力荷载代表值 G_i，可按下列公式计算：

屋盖标高处（$i = 1, 2$）：

$$G_i = 1.0G_r + 0.5G_c + 0.5G_b + 0.5G_{wl} + 1.0G_w \qquad (5\text{-}80)$$

吊车梁顶面处（$i = 3, 4$）：

$$G_i = 1.0G_{ho} + 0.3G_{ha} \qquad (5\text{-}81)$$

式中　G_{ho}——吊车重量；

G_{ha}——起吊物重量，软钩吊车取 0。

集中于吊车梁顶面处的吊车重力荷载 G_3、G_4，对于柱距为 12m 或 12m 以下的厂房，单跨时仅取一台，多跨时不多于两台。

2）计算公式

一般采用底部剪力法确定地震作用。

$$F_{Ek} = \alpha_1 G_{eq} \qquad (5\text{-}82)$$

$$F_i = \frac{G_i H_i}{\sum G_i H_i} F_{Ek} \qquad (5\text{-}83)$$

式中　F_{Ek}——作用于排架结构上的总地震作用标准值；

　　　F_i——作用于排架第 i 质点上的地震作用标准值（$i = 1$，2，3）；

　　　α_1——相应于排架基本自振周期的地震影响系数；

　　　G_{eq}——等效总重力荷载，单质点体系 G_1，多质点体系 $0.85\sum G_i$；

　　　G_i——第 i 质点的等效重力荷载代表值；

　　　H_i——第 i 质点的计算高度。

（3）结构地震效应调整

《抗震规范》规定：按平面排架所计算出的地震效应，应作必要地调整。

1）考虑空间作用及扭转影响时的调整。

钢筋混凝土屋盖厂房，当符合下列条件时，可考虑空间作用及扭转影响，对排架柱地震剪力和弯矩进行调整，调整系数如表 5-49 所示：

①7 度和 8 度；

②单元屋盖长度与总跨度之比小于 8 或厂房总跨度大于 12m；

③山墙的厚度不小于 240mm，开洞所占的水平截面积不超过总面积的 50%，并与屋盖系统有良好的连接；

④柱顶高度不大于 15m。

钢筋混凝土柱考虑空间工作和扭转影响的效应调整系数　　表 5-49

屋盖	山　墙		屋　盖　长　度　（m）										
			≤30	36	42	48	54	60	66	72	78	84	90	96
钢筋混凝土无檩屋盖	两端山墙	等高厂房			0.75	0.75	0.75	0.8	0.8	0.8	0.85	0.85	0.85	0.9
		不等高厂房			0.85	0.85	0.85	0.9	0.9	0.9	0.95	0.95	0.95	1.0
	一端山墙		1.05	1.15	1.2	1.25	1.3	1.3	1.3	1.35	1.35	1.35	1.35	1.35
钢筋混凝土有檩屋盖	两端山墙	等高厂房			0.8	0.85	0.9	0.95	0.95	1.0	1.0	1.05	1.05	1.1
		不等高厂房			0.85	0.9	0.95	1.0	1.0	1.05	1.05	1.1	1.1	1.15
	一端山墙		1.0	1.05	1.1	1.1	1.15	1.15	1.15	1.2	1.2	1.2	1.25	1.25

注：1. 屋盖长度指山墙到山墙的间距，仅一端有山墙时，应取所考虑排架至山墙的距离；

　　2. 高、低跨相差较大的不等高厂房，总跨度可不包括低跨；

　　3. 高、低跨交接处的效应调整不按本表进行。

2）高振型对高、低跨交接处柱的影响

对于不等高厂房高、低跨交接处的柱，在支承低跨屋盖的牛腿以上各截面，按底部剪力法求得的地震剪力和弯矩，应考虑高振型的影响予以增大，该增大系数可按下式确定：

$$\eta = \zeta \left(1 + 1.7 \frac{n_k}{n_0} \frac{G_{EL}}{G_{Eh}} \right) \tag{5-84}$$

式中　η——地震剪力和弯矩的增大系数；

$\quad\quad\ \zeta$——不等高厂房低跨交接处的空间工作影响系数，见表 5-50；

$\quad\quad\ n_k$——高跨的跨数；

$\quad\quad\ n_0$——计算跨数，一侧有低跨取总跨数，两侧有低跨再加高跨跨数之和；

$\quad\quad\ G_{EL}$——交接处一侧各低跨屋盖标高处的总等效重力荷载代表值；

$\quad\quad\ G_{Eh}$——高跨柱顶标高处的总等效重力荷载代表值。

高、低跨交接处钢筋混凝土上柱空间作用影响系数　　　　　　表 5-50

屋　盖	山　墙	屋　盖　长　度　（m）										
		≤36	42	48	54	60	66	72	78	84	90	96
钢筋混凝土 无檩屋盖	两端山墙		0.7	0.76	0.82	0.88	0.94	1.0	1.06	1.06	1.06	1.06
	一端山墙	1.25										
钢筋混凝土 有檩屋盖	两端山墙		0.9	1.0	1.05	1.1	1.1	1.15	1.15	1.15	1.2	1.2
	一端山墙	1.05										

3）吊车桥架对厂房的影响

对有吊车的钢筋混凝土厂房，吊车梁顶标高处上柱的截面，由吊车桥架引起的地震剪力和弯矩应乘以增大系数。当按底部剪力法计算时，其系数如表 5-51所示。

桥架引起的地震剪力和弯矩增大系数　　　　　　表 5-51

屋盖类型	山　墙	边　柱	高低跨柱	其他中柱
钢筋混凝土无檩屋盖	两端山墙	2.0	2.5	3.0
	一端山墙	1.5	2.0	2.5
钢筋混凝土有檩屋盖	两端山墙	1.5	2.0	2.5
	一端山墙	1.5	2.0	2.0

4）天窗架计算与调整

《抗震规范》指出：有斜撑杆的三铰拱式钢筋混凝土和钢天窗架的横向抗震计算可用底部剪力法；跨度大于 9m 或 9 度设防时，天窗架地震作用效应应放大1.5 倍。

3．纵向抗震计算

（1）厂房纵向的自振周期

1）柱列法

将厂房计算单元沿每跨屋盖的纵向中线切开，一个柱列应承受的每侧半跨范围内所有重力荷载按动能等效原则集中于柱顶标高处，形成柱顶集中质点；一个柱列中所有柱、柱间支撑和纵墙等构件的刚度叠加为柱列总刚度（图 5-15）。

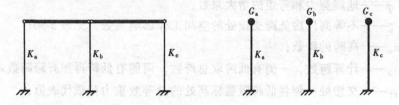

图 5-15　柱列法基本周期计算简图

集中于第 s 柱列柱顶质点的等效重力荷载代表值按下式计算：

$$G_s = G_r + 0.25(G_c + G_{wt}) + 0.35 G_{wl} + 0.5(G_b + G_{cr}) \tag{5-85}$$

式中　G_s——第 s 柱列柱顶质点的等效重力荷载代表值（$s = a$、b、c）；

　　　G_{wt}——横墙重量；

　　　G_{cr}——吊车重力荷载代表值。

第 s 柱列的纵向自振周期按下式计算：

$$T_s = 1.7 \sqrt{\frac{G_s}{K_s}} \tag{5-86}$$

式中　T_s——第 s 柱列的纵向自振周期（$s = a$、b、c）；

　　　G_s——第 s 柱列柱顶质点的等效重力荷载代表值；

　　　K_s——第 s 柱列非弹性阶段的总刚度。

2）修正刚度法

将厂房计算单元整个屋盖视为一刚性盘体，把所有柱列顶部的集中质点 G_s 集中为一个质点 ΣG_s，所有柱列的纵向刚度 K_s 叠加为厂房总刚度 ΣK_s（图5-16）。

厂房的纵向基本周期一般情况按下式计算：

$$T_s = 2 \psi_T \kappa \sqrt{\frac{\Sigma G_s}{\Sigma K_s}} \tag{5-87}$$

式中　ψ_T——周期折减系数，无围护墙时取 0.9，有围护墙时取 0.8；

　　　κ——周期修正系数，按表 5-52 采用。

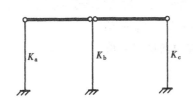

图 5-16　修正刚度法基本周期计算简图

钢筋混凝土屋盖厂房纵向周期修正系数　　　　　　　　表 5-52

		无 檩 屋 盖		有 檩 屋 盖	
		边跨无天窗	边跨有天窗	边跨无天窗	边跨有天窗
砖　墙	7 度	1.20	1.25	1.30	1.35
	8 度	1.10	1.15	1.20	1.25
	9 度	1.00	1.05	1.05	1.10
无墙、石棉瓦、挂板		1.00	1.00	1.00	1.00

3）《抗震规范》的建议公式

当柱顶标高不大于 15m 且平均跨度不大于 30m 时，也可按下列经验公式计算：

砖围护墙厂房：　　　　$T_1 = 0.23 + 0.00025 \psi_1 l \sqrt{H^3}$　　　　　　(5-88)

式中　ψ_1——屋盖类型系数，大型屋面板钢筋混凝土屋架可采用 1.0，钢屋架采用 0.85；

　　　　l——厂房跨度（m），多跨厂房可取各跨跨度的平均值；

　　　　H——基础顶面至柱顶的高度（m）。

敞开、半敞开或墙板与柱子柔性连接的厂房可按式（5-88）进行计算，并乘以围护墙影响系数 ψ_2（按 $\psi_2 = 2.6 - 0.002 l \sqrt{H^3}$ 计算），小于 1.0 时取 1.0。

（2）厂房的纵向地震作用

1）计算简图

确定厂房的纵向地震作用时，对于无桥式吊车的厂房，计算简图与确定厂房自振周期的相同；对于有桥式吊车的厂房，整个柱列的各项重力荷载应分别就近集中到各屋盖标高和吊车梁顶面标高处。

集中于第 s 柱列屋盖高度处的等效重力荷载代表值按下式计算：

$$G_s = G_r + \beta_c G_c + 0.5 G_{wt} + 0.7 G_{wl} + 1.0 G_w \qquad (5-89)$$

式中　G_s——柱顶质点的等效重力荷载代表值；

　　　　β_c——柱重力等效系数，对有、无吊车时分别取 0.1 和 0.5。

集中于第 s 柱列吊车梁顶面处的等效重力荷载代表值 G_{cs} 按下式计算：

$$G_{cs} = 0.4 G_c + G_b + G_{cr} \tag{5-90}$$

式中　G_{cs}——吊车梁顶面处的等效重力荷载代表值；

　　　G_{cr}——吊车重力荷载代表值。

2）柱列地震作用

①柱列法

作用于第 s 柱列柱顶标高处的纵向水平地震作用 F_s 为：

$$F_s = \alpha_1 G_s \tag{5-91}$$

式中　α_1——相应于第 s 柱列自振周期 T_s 的地震影响系数。

作用于第 s 柱列吊车梁顶面标高处的纵向水平地震作用 F_{cs} 为：

$$F_{cs} = \alpha_1 G_{cs} \frac{h_{cs}}{H_s} \tag{5-92}$$

式中　h_{cs}——第 s 柱列吊车所在跨吊车梁顶的高度；

　　　H_s——柱顶高度。

②修正刚度法

等高厂房第 s 柱列柱顶标高处的纵向水平地震作用 F_s 可按下列公式计算：

$$F_s = \alpha_1 G_{eq} \frac{K_{ai}}{\sum\limits_i K_{ai}} \tag{5-93}$$

$$K_{ai} = \psi_3 \psi_4 K_i \tag{5-94}$$

式中　α_1——相应于厂房纵向基本周期的水平地震影响系数；

　　　G_{eq}——厂房单元柱列总等效重力荷载代表值，即 $G_{eq} = \sum\limits_s G_s$；

　　　K_{ai}——第 i 柱列柱顶的调整侧移刚度；

　　　ψ_3——柱列侧移刚度的围护墙影响系数，见表5-53；

　　　ψ_4——柱列侧移刚度的柱间支撑影响系数，见表5-54。

围护墙影响系数　　　　　　　　　　　表 5-53

围护墙类别和烈度		边柱列	柱 列 和 屋 盖 类 别			
			中 柱 列			
240 砖墙	370 砖墙		无檩屋盖		有檩屋盖	
			边跨无天窗	边跨有天窗	边跨无天窗	边跨有天窗
	7 度	0.85	1.7	1.8	1.8	1.9
7 度	8 度	0.85	1.5	1.6	1.6	1.7
8 度	9 度	0.85	1.3	1.4	1.4	1.5
9 度		0.85	1.2	1.3	1.3	1.4
无墙、石棉瓦、挂板		0.90	1.1	1.1	1.2	1.2

等高厂房第 s 柱列吊车梁顶面标高处的纵向水平地震作用 F_{cs} 为：

$$F_{cs} = \alpha_1 G_{cs} \frac{h_{cs}}{H_s} \tag{5-95}$$

柱间支撑影响系数　　　　　　　　　　　　　表 5-54

厂房单元内设置下柱支撑的柱间数	中柱列数下柱支撑斜杆的长细比					中柱列无支撑	边柱列
	≤40	41~80	81~120	121~150	>150		
一柱间	0.9	0.95	1.0	1.1	1.25	1.4	1.0
二柱间			0.9	0.95	1.0		

四、单层空旷房屋的抗震设计要点

影剧院、俱乐部、礼堂及食堂等单层空旷房屋，由于具有跨度大、高度大、内部空旷等特点，故其整体刚度差，抗震性能低，需要进行合理的抗震设计。对这类结构，《抗震规范》主要规定了其（观众）大厅的一些抗震设计要求，对其屋盖选型、构造、非承重隔墙及各种结构类型的前厅、后厅、左厅和后厅等附属房屋，《抗震规范》建议依照其他相关结构的规定和要求进行抗震计算和设计。

1. 一般规定

（1）单层空旷房屋的大厅与两侧附属房屋之间可不设防震缝，大厅、前厅、舞台之间则不宜设防震缝，但应加强连接。

（2）支承大厅屋盖的承重结构，当有下列情况时，不应采用砖柱，宜采用钢筋混凝土结构体系：

1）9 度或 8 度Ⅲ、Ⅳ类场地；

2）8 度Ⅱ、Ⅲ类场地和 7 度Ⅲ、Ⅳ类场地且大厅跨度大于 15m 或柱顶高度大于 6m；

3）7 度Ⅰ、Ⅱ类场地和 6 度Ⅲ、Ⅳ类场地且大厅跨度大于 18m 或柱顶高度大于 8m；

4）大厅内设有挑台。

（3）前厅结构布置应加强横向的侧移刚度，大门处壁柱，及前厅内独立柱应设计成钢筋混凝土柱。

（4）前厅与大厅、大厅与舞台连接处的横墙，应加强侧移刚度，设置一定数量的钢筋混凝土抗震墙。

2. 抗震计算

单层空旷房屋的平面和体型比较复杂，按目前的设计水平，尚难进行整体分析,《抗震规范》允许将房屋划分为前厅、舞台、大厅和附属房屋等若干独立部分进行抗震计算,但应计及相互影响。

结构及其各部分的纵、横地震作用可采用底部剪力法确定,相应的地震影响系数可取为最大值。而结构各个质点的等效重力荷载代表值应包括各自计算范围内的各屋盖重力荷载代表值、50%雪荷载以及支承结构的折算重力荷载。

确定结构横向地震作用时,对于两侧无附属房屋的观众大厅,有挑台部分和无挑台部分可各取一个典型开间,简化为单质点弹性体系;对于两侧均有刚性附属房屋的观众大厅,当附属房屋等高,且为钢筋混凝土屋盖,附属房屋及大厅均为砖墙或砖壁柱承重结构,而室内横隔墙很多时,可认为附属房屋以上部分的大厅是嵌固在附属房屋屋盖处的,取一开间作为计算单元,简化为单质点弹性体系;对于两侧或一侧有附属房屋,且附属房屋为单层建筑,而室内横隔墙又很少的观众大厅,可连同附属房屋一起,取一典型开间作为计算单元,简化为两质点体系。结构的纵向地震作用,宜用柱列法,对大厅一侧纵墙或柱列分别进行计算。

地震作用确定之后,结构地震效应可按平面排架分析。条件适合时,宜考虑整个体系的空间作用以及高振型的影响,对控制截面进行效应调整,调整原则同单层厂房。

3. 抗震构造措施

为了保证单层空旷房屋具有一定的抗震能力,除应对房屋主要承重结构进行抗震承载力验算外,还要对房屋的薄弱环节采取必要的构造措施。

(1) 大厅的屋盖构造,应符合单层厂房的相应规定。

(2) 大厅为组合砖柱承重时,柱的纵向钢筋的上端应锚入屋架底部的钢筋混凝土圈梁内。组合柱的纵筋,6度Ⅲ、Ⅳ类场地和7度Ⅰ、Ⅱ类场地时每侧不应少于4φ14;7度Ⅲ、Ⅳ类场地和8度Ⅰ、Ⅱ类场地时每侧不应少于4φ16。

(3) 对于前厅与大厅、大厅与舞台间轴线上的横墙,应在横墙两端、纵向梁支点及大洞口两侧设置钢筋混凝土框架柱或构造柱;舞台口的柱和梁应采用钢筋混凝土结构,舞台口大梁上承重砌体墙应设置间距不大于4m的立柱和间距不大于3m的圈梁,立柱、圈梁的截面尺寸、配筋及与周围砌体的拉结应符合多层砌体房屋的要求;9度时,舞台大梁上的砖墙不应承重。

(4) 大厅柱(墙)顶部标高处应设置现浇圈梁,并宜沿墙高每隔3m左右增设一道圈梁。梯形屋架端部高度大于900mm时,还应在上弦标高处增设一道圈梁。圈梁的截面高度不宜小于180mm,宽度宜与墙厚相同,纵筋不应少于4φ12,箍筋间距不宜大于200mm。

思 考 题

5-1 多层混合结构房屋的类型有哪些?

5-2 《抗震规范》对多层混合结构房屋抗震设计的一般规定是什么?

5-3 为什么多层混合结构房屋的抗震设计更需要注意概念设计及构造措施的采取?

5-4 构造柱和圈梁的作用是什么? 应如何合理地设置构造柱和圈梁?

5-5 对于多层砌体结构房屋,如何选取其计算简图? 如何计算和分配地震剪力?

5-6 简述墙体、墙段侧移刚度的计算方法。

5-7 钢筋混凝土框架结构有哪些震害? 其抗震性能如何?

5-8 钢筋混凝土框架结构抗震设计的一般要求是什么? 为什么要限制这类结构的房屋最大高度和高宽比?

5-9 如何确定钢筋混凝土框架结构及其构件的抗震等级?

5-10 如何确定框架结构的水平地震作用?

5-11 如何进行框架结构在水平地震作用下的内力分析?

5-12 框架结构内力调整的内容有哪些? 具体如何操作? 如何进行框架结构梁、柱的内力组合?

5-13 为什么钢筋混凝土框架结构的抗震设计必须遵循"强柱弱梁、强剪弱弯、强节点强锚固"的原则?

5-14 简述框架梁、柱及其节点的抗震构造措施。

5-15 简述多层钢结构的结构体系?

5-16 钢结构在地震中的破坏有何特点?

5-17 钢结构抗震设计中,"强柱弱梁"的设计原则是如何实现的?

5-18 钢结构的构件设计,为什么要对板件的宽厚比提出更高的要求?

5-19 支撑长细比大小对钢结构的动力反应有何影响?

5-20 在多遇地震作用下,侧移如何控制?

5-21 简述抗震设防的钢结构连接节点的构造措施。

5-22 试述单层厂房的主要震害。

5-23 单层厂房的抗震措施主要包括哪些内容?

5-24 单层厂房横向抗震计算有哪些基本假定? 如何进行单层厂房的横向抗震计算?

5-25 为什么要对单层厂房的横向地震效应进行调整? 如何调整?

5-26 试说明单层厂房纵向抗震计算的柱列法和修正刚度法的基本原理。

5-27 简述单层空旷厂房房屋的抗震设计要点。

第六章 隔震与消能减震结构设计

学 习 要 点

通过对隔震和消能减震结构设计的学习，了解隔震与消能减震结构的适用范围；掌握隔震和消能减震的基本概念和基本原理、重点掌握隔震与消能减震设计建筑结构的一般规定、隔震的建筑结构设计方法、隔震的建筑结构构造措施和隔震减震部件的性能要求；并掌握消能减震房屋设计要点。

第一节 基 本 概 念

一、隔震原理

隔震，即隔离地震。在建筑物基础与上部结构之间设置由隔震器、阻尼器等组成的隔震层，隔离地震能量向上部结构传递，减少输入到上部结构的地震能量，降低上部结构的地震反应，达到预期的防震要求。隔震的建筑结构简称隔震结构。隔震结构分上部结构（隔震层以上结构）、隔震层、隔震层以下结构和基础四部分（图6-1），其中隔震层是最关键部分。地震时，隔震结构的震动和变形均可只控制在较轻微的水平，从而使建筑物的安全得到更可靠的保证。进行隔震的建筑结构设计称为隔震设计。

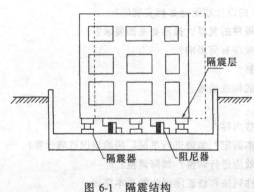

图 6-1 隔震结构

隔震层对整个结构系统起两大作用：

（1）由于隔震层的刚度很小，使整个隔震结构体系的自振周期大大增长，上部结构的地震加速度反应大大减小；

（2）隔震层采用高阻尼的元件组成，使整个隔震结构体系的阻尼加大，有效地吸收地震波输入上部结构的能量，大大减小地震对上部结构的作用力。

这两项作用，可使上部结构的加速度反应一般仅相当于不隔震情况下的 1/8

~1/4。这样不仅能够达到减轻地震对上部结构损坏的目的，而且能使建筑物的装修及室内设备也得到有效地保护，乃至不影响室内设备的正常运行，地震时人员可照常停留在室内。

在建筑物的抗侧力结构中设置消能部件（由消能器、连接支承等组成），通过消能部件局部变形提供附加阻尼，吸收与消耗地震能量。这样的房屋建筑设计称"消能减震设计"。

隔震技术的出现，可使抗震设防超越"小震不坏，中震可修，大震不倒"的设计思想，达到更高的抗震安全可靠度水准，使建筑物在强烈的地震中不发生较严重的损伤。另外，由于强震时地面运动固有的复杂性和预测工作的高难度，使人们逐渐认识到，在结构抗震设计中以人为确定的地面运动强度和反应谱特性为目标的传统抗震设计方法，包含着由于地面运动不确定性可能引起的风险，为了减低这种风险，除了应加强设计地震的研究以外，更为现实的途径是使结构具有抗御不同地面运动特性的能力，使类似于共振的现象在地震中不可能出现，隔震技术即可满足这种要求。

二、消能减震原理

消能减震技术属于结构减震控制中被动控制，它是指在结构物某些部位（如支撑、剪力墙、节点、联结缝或连接件、楼层空间、相邻建筑间、主附结构间等）设置消能（阻尼）装置（或元件），通过消能（阻尼）装置产生摩擦，弯曲（或剪切、扭转）弹塑（或粘弹）性滞回变形消能来消散或吸收地震输入结构中的能量，以减小主体结构地震反应，从而避免结构产生破坏或倒塌，达到减震抗震的目的。装有消能（阻尼）装置的结构称为消能减震结构。

消能减震技术因其减震效果明显，构造简单，造价低廉，适用范围广，维护方便等特点越来越受到国内外学者的重视。近年来，国内外的学者对已有消能器的可靠性和耐久性、新型消能器的开发、消能器的恢复力模型、消能减震结构的分析与设计方法、消能器的试点应用等方面做了大量的实验研究和理论研究。消能减震技术既适于新建工程，也适用于已有建筑物的抗震加固、改造；既适用于普通建筑结构，也适用于抗震生命线工程。实际应用工程已超过 300 多个。

在美国，1972 年竣工的纽约世界贸易中心大厦就安装有约 10000 个粘弹性阻尼器，西雅图哥伦比亚大厦（77 层）、匹兹堡钢铁大厦（64 层）等许多工程都采用了该项技术。加劲阻尼（ADAS）装置已被用于旧金山一栋 2 层的钢筋混凝土建筑加固工程中；旧金山的另一栋非延性钢筋混凝土结构安装了软钢阻尼器。全美应用流体阻尼器的建筑总数已超过 3 项，位于加利福尼亚州的一栋 4 层饭店为柔弱底层结构，采用流体阻尼器进行抗震加固后，使其在保持本身风格的基础上，达到了美国抗震规范要求。1994 年美国新 San Bermardino 医疗中心也应用了粘滞阻尼器，共安装了 233 个阻尼器。

　　日本是结构控制技术应用发展较快的国家，全国实际工程已超过百余项，其中均采用了不同的消能装置或控制技术。日本 Omiya 市 31 层的 Sonic 办公大楼共安装了 240 个摩擦阻尼器；东京的日本航空公司大楼使用了高阻尼性能油阻尼器（HiDAH）；东京代官山的一座高层建筑采用了粘滞阻尼墙装置进行抗震设计。

　　我国的学者和工程设计人员也正致力于该技术的研究与工程实用。现在摩擦消能器已被用于十余座单层、多层工业厂房和办公楼中，沈阳市政府的办公楼已采用摩擦消能器进行了抗震加固，北京饭店和北京火车站也使用粘性阻尼器进行抗震加固，铅粘弹性阻尼器已被用于广州和汕头的两幢高层建筑。

　　消能减震的原理可以从能量的角度来描述，如图 6-2 所示，结构在地震中任意时刻的能量方程为：

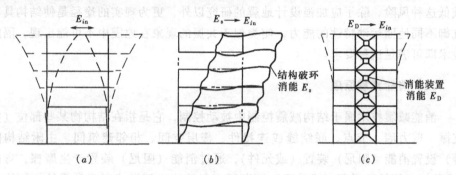

图 6-2　结构能量转换途径对比

（a）地震输入；（b）传统抗震结构；（c）消能减震结构

传统抗震结构　　　　　　$E_{in} = E_v + E_c + E_k + E_h$ 　　　　　　　　　　（6-1）

消能减震结构　　　　　　$E'_{in} = E'_v + E'_c + E'_k + E'_h + E'_d$ 　　　　　（6-2）

式中　E_{in}、E'_{in}——地震过程中输入结构体系的能量；

　　　E_v、E'_v——结构体系的动能；

　　　E_c、E'_c——结构体系的粘滞阻尼消能；

　　　E_k、E'_k——结构体系的弹性应变能；

　　　E_h、E'_h——结构体系的滞回消能；

　　　E'_d——消能（阻尼）装置或消能元件消散或吸收的能量。

　　在上述能量方程中，由于 E_v（或 E'_v）和 E_k（或 E'_k）仅仅是能量转换，不能消能，E_c 和 E'_c 只占总能量的很小部分（约 5% 左右），可以忽略不计。在传统的抗震结构中，主要依靠 E_h 消耗输入结构的地震能量，但因结构构件在利用其自身弹塑性变形消耗地震能量的同时，构件本身将遭到损伤甚至破坏，某一结构构件消能越多，则其破坏越严重。在消能减震结构体系中，消能（阻尼）装置或元件在主体结构进入非弹性状态前率先进入消能工作状态，充分发挥消能作用，消散大量输入结构体系的地震能量，则结构本身需消耗的能量很少，这意味着结构反应将大大减小，从而有效地保护了主体结构，使其不再受到损伤和破坏。一般来说，结构的损伤程度与结构的最大变形 Δ_{max} 和滞回消能（或累积塑性变形）E_h 成正比，可以表达为：

$$D = f(\Delta_{max}, E_h) \tag{6-3}$$

在消能减震结构中，由于最大变形 Δ'_{max} 和滞回消能 E'_h 较之传统抗震结构的最大变形 Δ_{max} 和滞回消能 E_h 大大减少，因此结构的损伤大大减少。

消能减震结构具有减震机理明确，减震效果显著，安全可靠，经济合理，技术先进，适用范围广等特点。目前，已被成功用于工程结构的减震控制中。

三、隔震与消能减震结构的适用范围

采用消能减震设计时，输入到建筑物的地震能量一部分被阻尼器所消耗，其余部分则转换为结构的动能和变形能。这样，也可以达到降低结构地震反应的目的。阻尼器有粘弹性阻尼器、粘滞阻尼器、金属阻尼器、电流变和磁流变阻尼器等。

国内外的大量试验和工程经验表明："隔震"一般可使结构的水平地震作用降低 60% 左右，从而消除或有效地减轻结构和非结构的地震损坏，提高建筑物及其内部设施、人员在地震时的安全性，增加震后建筑物继续使用的能力。

采用消能方案可以减少结构在风作用下的位移已是公认的事实，同理，对减少结构水平和竖向地震反应也是有效的。

隔震结构主要用于体型基本规则的低层和多层建筑结构。在Ⅰ、Ⅱ、Ⅲ类场地的反应谱周期均较小，可建造隔震建筑。新建和建筑抗震加固中均可采用消能减震结构，消能部件的置入，不改变主体承载结构的体系，又可减少结构的水平和竖向地震作用，不受结构类型和高度的限制。

以上所述采取合理有效的隔震和消能减震措施，即对结构施加控制装置（系统），由控制装置与结构共同承受地震作用，即共同储存和消耗地震能量，以调谐和减轻结构的地震反应。这是积极主动的抗震对策，是抗震对策的重大突破和发展。

表 6-1 列出了隔震设计和传统设计在设计理念上的区别。

本章主要讨论在房屋底部设置的由橡胶隔震支座（见图 6-3）和阻尼器等部件组成的隔震层的隔震结构和在房屋结构中设置消能装置（见图 6-4），通过其局部变形提供附加阻尼，以消耗输入上部结构的地震能量的消能减震房屋的设计要点和构造措施。

隔震与消能减震房屋和抗震房屋设计理念对比　　　　表 6-1

	抗震房屋	隔震房屋	消能减震房屋
结构体系	上部结构和基础牢牢连接	削弱上部结构与基础的有关连接	主体承载结构不变
科学思想	提高结构自身的抗震能力	隔离地震能量向建筑物输入	吸收和消耗地震能量
方法措施	强化结构刚度和延性	滤波	置入消能部件

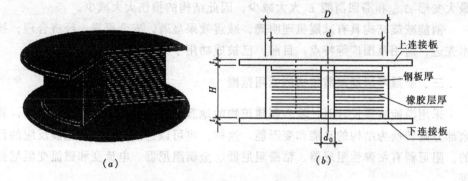

图 6-3　橡胶支座的形状与构造详图
(a) 橡胶支座的形状；(b) 橡胶支座的构造

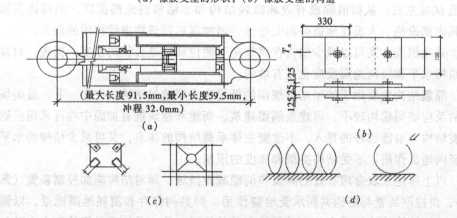

图 6-4　消能减震装置
(a) 活塞式阻尼器；(b) 磨擦阻尼器；(c) 耗能支撑；(d) 软钢阻尼器

第二节　隔震与消能减震设计建筑结构的一般规定

隔震和消能减震设计，主要应用于使用功能有特殊要求的建筑及抗震设防烈度为 8、9 度的建筑。并应符合下列要求：

（1）采用隔震或消能减震设计的建筑，当遭遇到本地区的多遇地震影响、抗震设防烈度地震影响和罕遇地震影响时，其抗震设防目标应高于《抗震规范》规定的抗震设防目标的要求，具有比一般抗震结构至少高 0.5 个设防烈度的抗震安全储备。消能减震结构的层间弹塑性位移角限值宜大于 1/80。

（2）建筑结构的隔震和消能减震设计，应根据建筑抗震设防类别、抗震设防烈度、场地条件、建筑结构方案和建筑使用要求，与采用建筑抗震设计的设计方案进行技术、经济可行性的对比分析后，确定其设计方案。需要减少地震作用的多层砌体和钢筋混凝土框架等结构类型的房屋，采用隔震设计时应符合下列各项要求：

1）结构体型基本规则，不隔震时可在两个主轴方向分别采用《抗震规范》规定的底部剪力法进行计算，且结构基本周期小于 1.0s；体型复杂结构采用隔震设计，宜通过模型试验后确定。

2）建筑场地宜为Ⅰ、Ⅱ、Ⅲ类，并应选用稳定性较好的基础类型。

3）风荷载和其他非地震作用的水平荷载标准值产生的总水平力不宜超过结构总重力的 10%。

4）隔震层应提供必要的竖向承载力、侧向刚度和阻尼；穿过隔震层的设备配管、配线，应采用柔性连接或其他有效措施适应隔震层的罕遇地震水平位移。

（3）隔震与消能减震部件。

设计文件上应注明对隔震部件和消能减震部件的性能要求；隔震和消能减震部件的设计参数和耐久性应由试验确定；并在安装前对工程中所用各种类型和规格的消能减震部件原型进行抽样检测，每种类型和每一规格的数量都不应小于 3个，抽样检测的合格率应为 100%；设置隔震和消能减震部件的部位，除按计算确定外，应采取便于检查和替换的措施。

消能部件应对结构提供足够的附加阻尼，尚应根据其结构类型分别符合《抗震规范》相应的设计要求。

第三节　隔震的建筑结构设计

《抗震规范》的隔震设计条文提出了分部设计法，并引入水平向减震系数的概念，在设计方法上建立起了一座联系抗震设计和隔震设计之间的桥梁，力图使设计人员已经熟悉的抗震设计知识、抗震技术在隔震设计中得到应用。本节主要讨论隔震结构分部设计法、隔震结构设计中部分参数的简化设计法和隔震结构的构造措施。

一、分部设计法

把整个隔震结构体系分成上部结构（隔震层以上结构）、隔震层、隔震层以下结构和基础四部分,采用分部设计法进行设计。对隔震层以下结构设计,当隔震层置于地下室顶部时,隔震层以下墙、柱的地震作用和抗震验算,应采用罕遇地震下隔震支座底部的竖向力、水平力和力矩进行计算。隔震建筑地基基础的抗震验算和地基处理仍应按本地区抗震设防烈度进行,甲、乙类建筑的抗液化措施应按提高一个液化等级确定,直至全部消除液化沉陷。下面分别讲述隔震的建筑结构上部结构设计、隔震层的设计要点和隔震结构的构造措施。

1. 上部结构设计

(1) 水平向减震系数概念

水平向减震系数 ψ 应按下式确定。

$$\psi = \max(\psi_i)/0.7 \tag{6-4}$$

$$\psi_i = Q_{gi}/Q_i \tag{6-5}$$

式中　ψ——水平向减震系数;

　　ψ_i——设防烈度下,结构隔震时第 i 层层间剪力与非隔震时第 i 层层间剪力比;

　　Q_{gi}——设防烈度下,结构隔震时第 i 层层间剪力;

　　Q_i——设防烈度下,结构非隔震时第 i 层层间剪力。

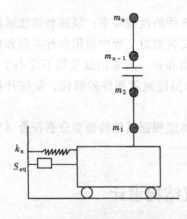

图 6-5 隔振结构计算简图

(2) 水平向减震系数计算与取值

计算水平向减震系数的结构简图可采用剪切型结构模型(图 6-5)。当上部结构的质心与隔震层刚度中心不重合时,宜记入扭转变形的影响。

当结构隔震后各层最大层间剪力与非隔震时对应层最大层间剪力的比值不大于表 6-2 中第一行各栏的数值时,可按该表确定水平向减震系数。

减震系数计算和取值涉及上部结构的安全,涉及《抗震规范》规定的隔震结构抗震设防目标的实现。因此,减震系数不应低于表 6-2 的数值。

层间剪力最大比值与水平向减震系数的对应关系　　　　　表 6-2

层间剪力最大比值	0.53	0.35	0.26	0.18
水平向减震系数	0.75	0.50	0.38	0.25

(3) 上部结构水平地震作用计算

隔震后，地震时上部结构基本处于平动状态。因此，上部结构水平地震作用沿高度可采用矩形分布。

水平地震影响系数的最大值可取非隔震时的水平地震影响系数最大值和水平向减震系数的乘积。

水平向减震系数不宜低于 0.25，且隔震后结构的总水平地震作用不得低于非隔震时 6 度设防的总水平地震作用。

（4）上部结构竖向地震作用计算

9 度时和 8 度且水平向减震系数为 0.25 时，上部结构应进行竖向地震作用计算；8 度且水平向减震系数不大于 0.5 时，宜进行竖向地震作用计算。

竖向地震作用标准值 F_{Evk}，8 度和 9 度时分别不应小于隔震层以上结构总重力荷载代表值的 20% 和 40%。各楼层可视为质点，按《抗震规范》中的方法计算其竖向地震作用标准值沿高度的分布。

2. 隔震层设计

（1）隔震层布置

隔震层设计应根据预测的水平向减震系数和位移控制要求，选择适当的隔震支座、阻尼器以及抵抗地基微震动与风荷载提供初刚度的部件，组成隔震层。

隔震层位置宜设置在结构第一层以下部位。当位于第一层及以上时，结构体系的特点与普通隔震结构可有较大差异，隔震层以下的结构设计计算也更复杂，需作专门研究。隔震层的平面布置应力求具有良好的对称性，以提高分析计算结果的可靠性。

（2）隔震支座竖向承载力验算

隔震支座应进行竖向承载力验算。隔震层设计原则是罕遇地震不坏。

橡胶隔震支座平均压应力限值和拉应力规定是隔震层承载力设计的关键。《抗震规范》规定：隔震支座在永久荷载和可变荷载作用下组合的竖向平均压应力设计值不应超过表6-3列出的限值。在罕遇地震作用下，不宜出现拉应力。规定隔震支座中不宜出现拉应力，主要考虑了下列三个因素：

1）橡胶受拉后内部出现损伤，降低了支座的弹性性能。

2）隔震层中支座出现拉应力，意味着上部结构存在倾覆危险。

3）橡胶隔震支座在拉伸应力下滞回特性的实物实验尚不充分。

橡胶隔震支座平均压应力限值　　　　　　　　　　表 6-3

建筑类别	甲类建筑	乙类建筑	丙类建筑
平均压应力（MPa）	10	12	15

计算尚应注意以下几点：

1）对需验算的倾覆结构，平均压应力设计值应包括水平地震作用效应组合；

对需进行竖向地震作用计算的结构，平均压应力设计值应包括竖向地震作用效应组合；

2）当橡胶支座的第二形状系数小于5.0时，应降低平均压应力限值：小于5不小于4时，降低20%，小于4不小于3时，降低40%；

3）有效直径小于300mm的橡胶支座，其平均压应力限值对丙类建筑为12MPa。

隔震支座的基本性能之一是"稳定地支承建筑物重力"。表6-3列出的平均压应力限值，保证了隔震层在罕遇地震时的强度及稳定性，并以此初步选取隔震支座的直径。

（3）罕遇地震下隔震支座水平位移验算

隔震支座在罕遇地震作用下的水平位移应符合下列要求：

$$u_i \leqslant [u_i] \tag{6-6}$$

$$u_i = \beta_i u_c \tag{6-7}$$

式中　u_i——罕遇地震作用下第 i 个隔震支座考虑扭转的水平位移；

$[u_i]$——第 i 个隔震支座水平位移限值，对橡胶隔震支座，不宜超过该支座橡胶直径的 0.55 倍和支座各橡胶总厚度的 3.0 倍二者的较小值；

u_c——罕遇地震下隔震层质心处或不考虑扭转时的水平位移；

β_i——第 i 个隔震支座扭转影响系数，应取考虑扭转和不考虑扭转时 i 支座计算位移的比值；当上部结构质心与隔震层刚度中心在两个主轴方向均无偏心时，边支座的扭转影响系数不应小于 1.15。

（4）隔震支座水平剪力计算

隔震支座的水平剪力应根据隔震层在罕遇地震下的水平剪力按各隔震支座的水平刚度进行分配。当考虑扭转时，尚应计及隔震支座的扭转刚度。

（5）隔震层力学性能计算

隔震层是由若干个隔震支座和单独设置的阻尼器组成，橡胶隔震支座产品性能是单个支承力学特性。然而，在水平向减震系数及罕遇地震下隔震层支座水平位移计算中尚应计算隔震层的力学性能。

设隔震层中隔震支座和单独设置的阻尼器的总数为 n。由单质点系统复阻尼理论可推得隔震层等效水平刚度和隔震层等效阻尼比为：

$$k_h = \sum_{j=1}^{n} k_j \tag{6-8}$$

$$\zeta_{eq} = \frac{\sum_{j=1}^{n} k_j \zeta_j}{k_h} \tag{6-9}$$

式中　k_j、ζ_j——分别为第 j 个隔震支座或阻尼器的水平动刚度和等效粘滞阻尼比；

k_h、ζ_{eq}——分别为隔震层的等效水平动刚度和等效粘滞阻尼比。

二、隔震设计简化计算

1. 隔震支座扭转影响系数简化计算。

此简化计算适合于各种隔震结构，包括采用隔震设计的砌体结构、钢筋混凝土结构和其他结构。当隔震支座的平面布置为矩形或接近于矩形，但上部结构的质心与隔震层刚度中心不重合时，隔震支座的扭转影响系数可按下列方法确定：

（1）仅考虑单向地震作用的扭转时

$$\beta_i = 1 + 12es_i/(a^2 + b^2) \tag{6-10}$$

式中　e——上部结构质心与隔震层刚度中心在垂直于地震作用方向的偏心距，如图 6-6 所示；

　　　s_i——第 i 个隔震支座与隔震层刚度中心在垂直于地震作用方向的距离；

　　a、b——隔震层平面的两个边长。

对边支座，扭转影响系数不宜小于 1.15；当隔震层和上部结构采取有效的抗扭措施后或扭转周期小于平动周期的 70%，扭转影响系数可取 1.15。

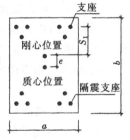

（2）同时考虑双向地震作用的扭转时

扭转影响系数可仍按式（6-10）计算，但其中偏心距 e 应采用下列公式中的较大值代替：

$$e = \sqrt{e_x^2 + (0.85e_y)^2} \tag{6-11}$$

图 6-6　偏心距 e

$$e = \sqrt{e_y^2 + (0.85e_x)^2} \tag{6-12}$$

式中　e_x——y 方向地震作用的偏心距；

　　　e_y——x 方向地震作用的偏心距。

对边支座，扭转影响系数不宜小于 1.2。

2. 砌体结构及与其基本周期相当的结构简化计算

（1）多层砌体结构水平向减震系数

根据隔震后整个体系的周期，多层砌体结构水平向减震系数按下式确定：

$$\psi = \sqrt{2}\,\eta_2(T_{gm}/T_1)^\gamma \tag{6-13}$$

式中　ψ——水平向减震系数；

　　　η_2——地震影响系数的阻尼调整系数；

　　　γ——地震影响系数的曲线下降段衰减指数；

　　T_{gm}——砌体结构采用隔震方案时的设计特征周期，根据本地区所属的设计地震分组确定，但小于 0.4s 时应按 0.4s 采用；

T_1——隔震后体系的基本周期，不应大于 2.0s 和 5 倍特征周期的较大值。

(2) 与砌体结构周期相当的结构水平向减震系数

$$\psi = \sqrt{2}\,\eta_2\,(T_{gm}/T_1)^{\gamma}\,(T_0/T_g)^{0.9} \tag{6-14}$$

式中　T_0——非隔震结构的计算周期，当小于特征周期时应采用特征周期值的较大值；

　　　T_1——隔震后体系的基本周期，不应大于 5 倍特征周期值；

　　　T_g——特征周期；其余符号同上。

3. 砌体结构及与其基本周期相当的结构

隔震后体系的基本周期 T_1 按下式计算：

$$T_1 = 2\pi\sqrt{G/K_h \cdot g} \tag{6-15}$$

式中　G——隔震层以上结构的重力荷载代表值；

　　　K_h——隔震层的水平动刚度；

　　　g——重力加速度。

对砌体结构，当墙体截面抗震验算时，其砌体抗震抗剪强度的正应力影响系数，可按减去竖向地震作用效应后的平均压应力取值。

4. 罕遇地震下隔震层水平剪力计算

$$V_c = \lambda_s \alpha_1(\xi_{eq}) G \tag{6-16}$$

式中　V_c——隔震层在罕遇地震下的水平剪力。

5. 罕遇地震下隔震层刚度中心处水平位移计算

$$u_c = \lambda_s \alpha_1(\xi_{eq}) G/K_h \tag{6-17}$$

式中　u_c——隔震层刚度中心处水平位移；

　　　λ_s——近场系数；甲、乙类建筑距发震断层 5km 以内取 1.5；5～10km 取 1.25；10km 以外取 1.0；丙类建筑取 1.0；

　　$\alpha_1(\xi_{eq})$——罕遇地震下的地震影响系数值；

　　　K_h——罕遇地震下隔震层的水平动刚度。

6. 砌体结构竖向地震作用下的抗震验算

砌体抗震抗剪强度的正应力影响系数，宜按减去竖向地震作用效应后的平均压应力取值。

7. 砌体结构的隔震层顶部各纵、横梁计算

砌体结构的隔震层顶部各纵、横梁均可按受均布荷载的单跨简支梁或多跨连续梁计算。均布荷载可按连续梁算出的正弯矩小于单跨简支梁跨中弯矩的 0.8 倍时，应按 0.8 倍单跨简支梁跨中弯矩配筋。

三、隔震的建筑结构构造措施和隔震部件的性能要求

1. 隔震层以上结构的构造措施

（1）隔震层以上结构应采取不阻碍隔震层在罕遇地震下发生大变形的下列措施：

1）上部结构的周边应设置防震缝，缝宽不宜小于各隔震支座在罕遇地震下的最大水平位移值的 1.2 倍；

2）上部结构（包括与其相连的任何构件）与地面（包括地下室和与其相连的构件）之间，宜设置明确的水平隔离缝；当设置水平隔离缝确有困难时，应设置可靠的水平滑移垫层；

3）在走廊、楼梯、电梯等部位，应无任何障碍物。

（2）丙类建筑上部结构的抗震措施，当水平向减震系数为 0.75 时不应降低非隔震时的有关要求；水平向减震系数不大于 0.50 时，可适当降低《抗震规范》有关章节对非隔震建筑的要求，但与抵抗竖向地震作用有关的抗震构造措施不应降低。

（3）钢筋混凝土结构。

柱和墙肢的轴压比控制仍应按非隔震的有关规定采用。其他计算和构造措施要求，可按表 6-4 划分抗震等级，再按《抗震规范》的有关规定采用。

隔震后现浇钢筋混凝土结构的抗震等级　　　　　　　表 6-4

结构类型		7 度		8 度		9 度	
框　架	高度（m）	< 20	> 20	< 20	> 20	< 20	> 20
	一般框架	四	三	三	二	二	一
抗震墙	高度（m）	< 25	> 25	< 25	> 25	< 25	> 25
	一般抗震墙	四	三	三	二	二	一

（4）砌体结构的隔震措施。

1）层数、总高度和高宽比：

当水平向减震系数不大于 0.50 时，丙类建筑的多层砌体结构房屋层数、总高度和高宽比限值，可按《抗震规范》降低一度的有关规定考虑。

2）隔震层构造：

多层砌体房屋的隔震层位于地下室顶部，隔震支座不宜直接放置在砌体墙上，并应验算砌体的局部承压；上部结构为砌体结构时，隔震层顶部纵、横梁的构造均应符合《抗震规范》中关于底部框架砖房的钢筋混凝土托墙梁的要求。

3）抗震构造措施：

对丙类建筑：承重外墙尽端至门窗洞边的最小距离和圈梁的截面配筋构造，仍应符合《抗震规范》中的有关规定；多层烧结普通砖和烧结多孔砖房屋的钢筋混凝土构造柱设置，水平向减震系数为 0.75 时，仍应符合《抗震规范》的规定；7～9 度、水平向减震系数为 0.5 和 0.38 时，应符合表 6-5 的规定；水平向减震系数为 0.25 时，宜符合《抗震规范》降低一度时的规定。

隔震后砖房构造柱设置要求　　　　　表 6-5

房屋层数			设　置　部　位
7度	8度	9度	
三、四	二、三		每隔 15m 或单元横墙与外墙交接处
五	四	二	每隔三开间的横墙与外墙交接处
六、七	五	三、四	楼、电梯间四角，外墙四角，错层部位横墙与内外墙交接处，较大洞口两侧，大房间内外墙交接处。	隔开间横墙（轴线）与外墙交接处，山墙与内纵墙交接处；9度四层，外纵墙与内墙（轴线）交接处
八	六、七	五		内墙（轴线）与外墙交接处，内墙局部较小墙垛处，8度七层内纵墙与隔开间横墙交接处，9度时，内纵墙与横墙（轴线）交接处

混凝土小型空心砌块房屋芯柱的设置：水平向减震系数为 0.75 时，仍应符合《抗震规范》非隔震房屋的规定；7~9 度，当水平减震系数为 0.5 和 0.38 时，应符合表 6-6 的规定；当水平向减震系数为 0.25 时，宜符合《抗震规范》非隔震房屋降低一度的有关规定。

隔震后混凝土小型空心砌块房屋芯柱设置要求　　　　　表 6-6

房屋层数			设　置　部　位	设　置　数　量
7度	8度	9度		
三、四	二、三		外墙转角，楼梯间四角，大房间内、外墙交接处；每隔 16m 或单元横墙与外墙交接处	外墙转角，灌实 3 个孔；内、外墙交接处灌实 4 个孔
五	四	二	外墙转角，楼梯间四角，大房间内、外墙交接处；山墙与内纵墙交接处，隔三开间横墙（轴线）与外墙交接处	外墙转角，灌实 5 个孔；内、外墙交接处灌实 4 个孔；洞口两侧各灌实 1 个孔
六	五	三	外墙转角，楼梯间四角，大房间内、外墙交接处；隔三开间横墙（轴线）与外墙交接处，山墙与内纵墙交接处；8、9度时，外纵墙与横墙（轴线）交接处，大洞口两侧	外墙转角，灌实 5 个孔；内、外墙交接处灌实 4 个孔；洞口两侧各灌实 1 个孔
七	六	四	外墙转角，楼梯间四角，各内墙（轴线）与外纵墙交接处；内墙与横墙（轴线）交接处；8、9度时，洞口两侧	外墙转角，灌实 7 个孔；内、外墙交接处灌实 4 个孔；内墙交接处灌实 4~5 个孔；洞口两侧各灌实 1 个孔

4）其他抗震构造措施：

水平向减震系数为 0.75 时仍按《抗震规范》非隔震房屋的相应规定采用；7～9 度，水平向减震系数为 0.5 和 0.38 时，可按《抗震规范》非隔震房屋降低一度的相应规定采用；水平向减震系数为 0.25 时，可按《抗震规范》非隔震房屋低二度且不低于 6 度的相应规定采用。

2. 隔震层与上部结构、隔震层以下结构的连接

（1）隔震层顶部应设置梁板式楼盖，且应符合下列要求：

应采用现浇或装配整体式钢筋混凝土板。现浇板厚度不宜小于 140mm，当采用装配整体式钢筋混凝土楼板时，配筋现浇面层厚度不宜小于 50mm；隔震支座上方的纵、横梁应采用现浇混凝土结构。

隔震层顶部梁板的刚度和承载力，宜大于一般楼面梁板刚度和承载力。

隔震支座附近的梁、柱应考虑冲切和局部承压，加密箍筋并根据需要配置网状钢筋。

（2）隔震支座和阻尼器的连接构造，应符合下列要求：

隔震支座和阻尼器应安装在便于维护人员接近的部位；

隔震支座与上部结构、基础之间的连接件，应能传递罕遇地震下支座的最大水平剪力；抗震墙下隔震支座的间距不宜大于 2.0m；

外露的预埋件应有可靠的防锈措施。预埋件的锚固钢筋应与钢板牢固连接。锚固钢筋的锚固长度宜大于 20 倍锚固钢筋直径，且不应小于 250mm。

（3）穿过隔震层的设备配管、配线，宜采用柔性连接等适应隔震层的罕遇地震水平位移的措施；采用钢筋或钢架接地的避雷设备，宜设置跨越隔震层的柔性接地配线。

3. 隔震部件的性能要求

（1）隔震支座承载力、极限变形与耐久性能应符合《建筑隔震橡胶支座》产品标准（JG 118—2000）要求。

（2）隔震支座在表 6-3 所列压力下的极限水平变位；应大于有效直径的 0.55 倍和支座橡胶总厚度 3 倍二者的较大值。

（3）在经历相应设计基准期的耐久试验后，刚度、阻尼特性变化不超过初期值的 ±20%；徐变量不超过支座橡胶总厚度的 0.05 倍且小于 10.0mm。

（4）隔震支座的设计参数应通过试验确定。在竖向荷载保持表 6-3 所列平均压应力限值的条件下，验算多遇地震时，宜采用水平加载频率为 0.3Hz 且隔震支座剪切变形为 50% 时的水平动刚度和等效粘滞阻尼比；验算罕遇地震时直径小于 600mm 的隔震支座，宜采用水平加载频率为 0.1Hz 隔震支座剪切变形为 250% 时的水平动刚度和等效粘滞阻尼比；直径不小于 600mm 的隔震支座，可采用水平加载频率为 0.2Hz 且隔震支座剪切变形为 100% 时的水平动刚

度和等效粘滞阻尼比。

第四节 消能减震房屋设计的要点

一、消能减震部件及其布置

消能减震设计时，应根据罕遇地震下的预期结构位移控制要求，设置适当的消能部件。消能部件可由消能器及斜撑、墙体、梁或节点等支承构件组成。消能器可采用速度相关型、位移相关型或其他类型。

消能部件可根据需要沿结构的两个主轴方向分别设置。消能部件宜设置在层间变形较大的位置，其数量和分布应通过综合分析合理确定，并有利于提高整体结构的消能能力。形成均匀合理的受力体系。

消能部件附加给结构的有效阻尼比宜大于 5%，超过 20% 时，宜按 20% 计算。

二、消能减震设计计算要点

(1) 由于加上消能部件后不改变主体结构的基本形式，除消能部件外的结构设计仍应符合《抗震规范》相应类型结构的要求。因此，计算消能减震结构的关键是确定结构的总刚度和总阻尼。

(2) 一般情况下，计算消能减震结构宜采用静力非线性分析或非线性时程分析方法。对非线性时程分析法，宜采用消能部件的恢复力模型计算；对静力非线性分析法，可采用消能部件附加给结构的有效阻尼比和有效刚度计算。

(3) 当主体结构基本处于弹性工作阶段时，可采用线性分析方法作简化估算，并根据结构的变形特征和高度等，按《抗震规范》规定分别采用底部剪力法、振型分解反应谱法和时程分析法。其地震影响系数可根据消能减震结构的总阻尼比按《抗震规范》的规定采用。

(4) 消能减震结构的总刚度为结构刚度和消能部件有效刚度的总和。

(5) 消能减震结构的总阻尼比为结构阻尼比和消能部件附加给结构的有效阻尼比的总和。

三、消能部件附加给结构的有效阻尼比和有效刚度确定

1. 附加有效阻尼比估算

$$\xi_a = W_C/(4\pi W_s) \tag{6-18}$$

式中 ξ_a——消能减震结构的附加有效阻尼比；

W_C——所有消能部件在结构预期位移下往复一周所消耗的能量；

W_s——设置消能部件的结构在预期位移下的总应变能。

设置消能部件的结构在预期位移下的总应变能 W_s。不考虑扭转影响时，可按下式估算：

$$W_s = (\Sigma F_i u_i)/2 \tag{6-19}$$

式中　F_i——质点 i 的水平地震作用标准值；

u_i——质点 i 对应于水平地震作用标准值的位移。

所有消能部件在结构预期位移下往复一周所消耗的能量 W_c：

（1）速度线性相关型消能部件

水平地震作用下所消耗的能量，可按下式估算：

$$W_c = (2\pi^2/T_1)\Sigma C_j\cos^2\theta_j\Delta u_j^2 \tag{6-20}$$

式中　T_1——消能减震结构的基本自振周期；

C_j——第 j 个消能部件的线性阻尼系数；

θ_j——第 j 个消能部件的消能方向与水平面的夹角；

Δu_j——第 j 个消能部件两端的相对水平位移。

当消能部件的阻尼系数和有效刚度与结构振动周期有关时，可取相应于消能减震结构基本自振周期的值。

（2）位移相关型、速度非线性相关型和其他类型消能部件

水平地震作用下所消耗的能量，可按下式估算：

$$W_c = \Sigma A_j \tag{6-21}$$

式中　A_j——第 j 个消能部件的滞回环在相对水平位移 Δu_j 时的面积。

2. 消能部件的有效刚度估算

消能部件的有效刚度可取消能部件的恢复力滞回环在相对水平位移 Δu_j 时的割线刚度。

四、消能器与斜撑、填充墙或梁等支承构件组成消能部件时，对支承构件刚度或恢复力滞回模型的要求

1. 速度线性相关型消能器

支承构件在消能器消能方向的刚度应符合下式要求：

$$K_P \geqslant (6\pi/T_1)C_v \tag{6-22}$$

式中　K_P——支承构件在消能方向的刚度；

C_v——由试验确定的相应于结构基本自振周期的消能器的线性阻尼系数；

T_1——消能减震结构的基本自振周期。

2. 位移相关型消能器

消能部件恢复力滞回模型的参数宜符合下列要求：

$$\Delta u_{py}/\Delta u_{sy} \leqslant 2/3 \tag{6-23}$$

$$(K_p/K_s)(\Delta u_{py}/\Delta u_{py}) \geqslant 0.8 \tag{6-24}$$

式中 K_p——消能部件在水平方向的初始刚度；

Δu_{py}——消能部件的屈服位移；

K_s——设置消能部件的结构楼层侧向刚度；

Δu_{sy}——设置消能部件的结构层间屈服位移。

五、消能减震构件的构造措施

（1）消能器与斜撑、墙体、梁或节点等支承构件的连接，应符合钢构件连接或钢与钢筋混凝土构件连接的构造要求，并能承担消能器施加给连接节点的最大作用力。

（2）与消能部件相连的结构构件，应计入消能部件传递的附加内力，并将其传递到基础。

（3）消能器及其连接构件应具有耐久性能和较好的易维护性。

思 考 题

6-1 隔震结构和传统抗震结构有何区别和联系？

6-2 隔震和消能减震有何异同？

6-3 什么是隔震的建筑结构和消能减震设计？

6-4 隔震和消能减震房屋的主要特点及适用范围？

6-5 何谓水平减震系数？绘出计算水平减震系数的计算简图和计算模型。

6-6 简述隔震建筑结构设计的分部设计法的主要思路。

6-7 隔震层如何布置及隔震层设计的原则？

6-8 为何隔震支座中不应出现拉应力？

6-9 简述隔震层与上部结构、隔震层以下结构的连结构造。

6-10 简述消能减震部件的设计要点。

参 考 文 献

1 建筑抗震设计规范（GB50011—2001）．北京：中国建筑工业出版社，2001

2 混凝土结构设计规范（GB50010—2002）．北京：中国建筑工业出版社，2002

3 砌体结构设计规范（GB50003—2001）．北京：中国建筑工业出版社，2002

4 建筑地基基础设计规范（GB50007—2002）．北京：中国建筑工业出版社，2002

5 建筑结构可靠度设计统一标准（GB50068—2001）．北京：中国建筑工业出版社，2002

6 傅淑芳．地震学教程（上册）。北京：地震出版社，1980

7 李杰，李国强．地震工程学导论．北京：地震出版社，1992

8 胡聿贤著．地震工程学．北京：地震出版社，1988

9 郭继武．建筑抗震设计．北京：高等教育出版社，1992

10 丰定国．抗震结构设计．武汉：武汉工业大学出版社，2001

11 李宏男，茹继平，刘明．结构工程理论与实践．北京：地震出版社，1998

12 刘大海．单层与多层建筑抗震设计．西安：陕西科学技术出版社，1987

13 刘明，李宏男，江见鲸．混凝土结构课程教学研究与探索．沈阳：东北大学出版社，2000

14 周锡元，王广军，苏经宇．场地地基设计地震．北京：地震出版社，1991

15 龚思礼．建筑抗震设计手册（第二版）．北京：中国建筑工业出版社，2002

16 刘明．建筑结构可靠度．沈阳：东北大学出版社，1999

17 魏琏．建筑结构抗震设计．北京：万国学术出版社，1991

18 赵西安．钢筋混凝土高层建筑结构设计．北京：中国建筑工业出版社，1992

19 蔡君馥．唐山市多层砖房震害分析．北京：清华大学出版社，1984

20 朱伯龙．砌块房屋抗震性能及加固的研究．同济大学，1984

21 周炳章．用钢筋混凝土构造柱提高砖混结构抗震性能的试验研究及设计计算．地震工程论文集．北京：科学出版社，1982

22 罗福午．混凝土结构及砌体结构．北京：中国建筑工业出版社，1992

23 朱伯龙．建筑结构抗震设计原理．上海：同济大学出版社，1994

24 李宏男．建筑抗震设计原理．北京：中国建筑工业出版社，1996

25 周福霖．工程结构减震控制．北京：地震出版社，1997

26 国家标准《建筑抗震设计规范》编制组．房屋建筑抗震新技术．北京：2001

27 白国良，刘明．荷载与结构设计方法．北京，高等教育出版社，2003

28 尚守平．结构抗震设计．北京：高等教育出版社，2003

参考文献

1. 建筑结构荷载规范（GB50011-2001）. 北京：中国建筑工业出版社，2001
2. 混凝土结构设计规范（GB/G010-2002）. 北京：中国建筑工业出版社，2002
3. 钢结构设计规范（GB50009-2001）. 北京：中国建筑工业出版社，2002
4. 建筑地基基础设计规范（GB50007-2002）. 北京：中国建筑工业出版社，2002
5. 建筑抗震设计规范—条文（GB50068-2001）. 北京：中国建筑工业出版社，2002
6. 沈蒲生. 混凝土结构（上册）. 北京：高等教育出版社，1980
7. 裘伯永. 荷载与结构设计方法. 北京：中国铁道出版社，1992
8. 赵西安. 高层工程实践. 北京：地震出版社，1985
9. 陈肇元. 混凝土结构. 北京：清华大学出版社，1998
10. 丰定国. 建筑结构抗震. 武汉：武汉工业大学出版社，2001
11. 李家康. 高层建筑结构. 武汉：华中理工大学出版社，1998
12. 欧阳煌. 混凝土结构基本原理. 西安：西安建筑科技大学出版社，1997
13. 杨俊杰. 地基与基础. 北京：北京大学出版社，2000
14. 周国强，王玉，彭家镇. 砌体结构. 北京：地震出版社，1999
15. 夏敬谦. 建筑结构设计手册（第二版）. 北京：中国建筑工业出版社，2002
16. 陈明. 重力混凝土. 北京：水利大学出版社，1999
17. 阎石. 高层建筑结构. 北京：万国学术出版社，1991
18. 赵敏敏. 建筑结构工程设计指南. 北京：中国建筑工业出版社，1992
19. 李国强. 高层建筑混凝土结构. 北京：清华大学出版社，1992
20. 朱伯龙. 建筑结构设计及抗震与加固手册. 上海科学技术，1984
21. 国家建筑工程局. 高层建筑结构. 北京：中国建筑工业出版社，1982
22. 李德华. 城市规划设计. 北京：中国建筑工业出版社，1992
23. 朱保良. 建筑构造与识图. 上海：同济大学出版社，1994
24. 李必瑜. 建筑构造. 北京：中国建筑工业出版社，1996
25. 赵鸿铁. 工程结构抗震设计. 北京：地震出版社，1997
26. 国家标准. 建筑设计防火规范. 北京：中国建筑工业出版社，2001
27. 白国良. 结构抗震设计方法. 北京：高等教育出版社，2002
28. 沈小平. 建筑结构设计. 北京：高等教育出版社，2003